无机及分析化学实验

WUJI JI FENXI HUAXUESHIYAN

谢练武　郭亚平　主编

化学工业出版社

·北京·

无机及分析化学实验是众多高校开设的第一门化学实验课程。实验是无机及分析化学不可缺少的一个重要组成部分，通过实验不仅能加深对无机化学基础理论的理解，而且能进一步掌握分析化学实验的基本知识、基本操作和基本技能，树立严格的"量"的概念。培养学生实事求是的科学态度和严谨的科学作风、良好的实验习惯，使其初步适应作为高级工程技术应用型人才的要求。本教材将无机化学实验基本操作和分析化学实验基本操作进行了有机融合，形成了独立的实践教学课程体系，按常用仪器、实验基本操作、基础实验、设计(开放）实验进行了分类，避免了不必要的重复，由易到难，循序渐进，增添了与教师自身科研相关的研究性实验内容。全书含基础实验共29个，基础实验总学时约120学时，另外增设设计(开放)实验10个，在着重强调无机及分析实验的基本知识、基本操作和基本技能训练的同时，适当训练学生的综合开发与拓展创新能力。

本书可供高等院校化学、化工、材料、能源、生命科学、生物工程、环境科学、林学、生态学、农学、医学、药学、轻工、食品等专业的学生学习使用。

图书在版编目（CIP）数据

无机及分析化学实验/谢练武，郭亚平主编．—北京：化学工业出版社，2017.7（2023.10重印）
普通高等教育"十三五"规划教材
ISBN 978-7-122-29803-4

Ⅰ.①无… Ⅱ.①谢…②郭… Ⅲ.①无机化学-化学实验-高等学校-教材②分析化学-化学实验-高等学校-教材 Ⅳ.①O61-33②O652.1

中国版本图书馆CIP数据核字（2017）第160960号

责任编辑：成荣霞　　文字编辑：李　玥
责任校对：宋　夏　　装帧设计：王晓宇

出版发行：化学工业出版社（北京市东城区青年湖南街13号　邮政编码100011）
印　　装：三河市延风印装有限公司
787mm×1092mm　1/16　印张 8¼　字数 202 千字　2023年10月北京第1版第11次印刷

购书咨询：010-64518888　　售后服务：010-64518899
网　　址：http://www.cip.com.cn
凡购买本书，如有缺损质量问题，本社销售中心负责调换。

定　　价：25.00元

《无机及分析化学实验》编写人员名单

主　　编　谢练武　郭亚平

副 主 编　李姣娟　王文磊　黄自知

编写人员（按姓氏汉语拼音排序）

戴　瑜　邓　婷　郭　鑫　郭亚平　贺国文　黄慧坚

黄自知　李姣娟　李　青　刘长辉　马　强　皮少锋

王　琼　王文磊　文瑞芝　肖红波　谢练武　胥　涛

袁　遥　张　宁　周尽花

前言

FOREWORD

本书可与《无机及分析化学》一书配套使用，是按照教育部“十三五”规划发展纲要中着力培养拔尖创新人才的需要，以及本科专业无机及分析化学的基本要求，并结合各参编老师多年来的教学实践，综合考虑课程体系的科学性与完整性，编写而成的大学第一门化学实验课程。实验是无机及分析化学不可缺少的一个重要组成部分，通过实验不仅能加深对无机化学基础理论的理解，而且能进一步学习和掌握分析化学实验的基本知识、基本操作和基本技能，树立严格的“量”的概念。培养学生实事求是的科学态度、严谨的科学作风和良好的实验习惯，这也是将来成为高级工程技术应用型人才的要求。

本书对无机化学和分析化学中常用仪器的性能、使用方法及基本操作作了介绍，选编了物质提纯、制备、物质组成和常数测定以及验证理论的实验，为了培养学生的综合能力，安排了 10 个设计(开放）实验，在有核心提示的情况下，首先由学生查阅相关文献，拟定实验方案，然后经实验老师审核通过后即可开展创新性实验。教材中安排的基础实验共 29 个，基础实验总学时约 120 学时，超过了无机及分析化学实验课程所规定的学时，使用时可根据具体情况，参考各自的教学大纲要求和实验设备条件等进行筛选。

本书实验内容较为密切地联系生产和科研实际，依照化学课程改革的要求，实验内容由易到难，循序渐进，特别强调了基本操作的规范性，适当增加了有助于培养实验基本操作技能的常数测定实验，有利于提高综合能力的制备实验以及设计(开发）实验，并且有些实验项目与参编老师自身科研项目密切相关，具有一定的科研性和可操作性。

本书由谢练武、郭亚平主编，并负责全书的组织策划、编排修订、统稿审定等工作，李姣娟、王文磊、黄自知担任副主编，负责部分审核校对。参加本书编写的还有戴瑜、邓婷、郭鑫、贺国文、黄慧坚、李青、刘长辉、马强、皮少锋、王琼、文瑞芝、肖红波、胥涛、袁遥、张宁、周尽花等。中南林业科技大学的陈学泽教授为本书的编写提供了大量素材，同时中南林业科技大学、海南大学、湖南城市学院化学学科相关老师给予了大力支持，谨此致谢！

限于编者水平，本教材中不妥之处在所难免，欢迎读者批评指正。

编　者

2017 年 3 月

目　录

CONTENTS

第1章　概　　述

第2章　实验基本操作

第3章　基础实验

第 4 章　设计（开放）实验

附　录

参考文献

第 1 章 概　述

1.1　无机及分析化学实验课程简介

无机及分析化学实验是一门重要的基础课程之一，它是与无机及分析化学理论教学紧密结合，且又独立开设的一门课程，是培养具有创新精神和实践能力的高级专门人才的重要教学环节，将为后续课程及专业课程的学习打下良好的基础。

本课程重点培养学生化学实验的基本操作技能，培养学生认识物质世界的思维方式和实践手段，培养从实际出发，实事求是的科学作风，树立准确的“量”的概念，建立正确记录、合理处理实验数据的工作方法，培养综合观察实验现象、分析推理实验事实、归纳总结事物变化规律的能力。通过本课程的实践，加强学生的感性认识，以期巩固和扩大无机化学及化学分析课堂教学效果。

1.2　无机及分析化学实验课的教学任务

化学是一门重要的基础科学。化学所取得的重大成果，大多数是在实验的基础上取得的。实验是化学课程不可缺少的一个重要环节。它的主要任务是：

① 使课堂中讲授的重要理论和概念得到验证、巩固和充实，并适当地深化和扩大知识面。化学实验不仅使理论知识形象化，并能说明这些理论和规律的应用条件、范围和方法，全面反映化学现象的复杂性和多样性。

② 培养学生正确地掌握一定的化学实验操作技能。有正确的操作，才能得出准确的数据和结果，而正确结论主要依靠准确的数据。因此，化学实验的基本操作技能的训练对人才培养具有重要的意义。

③ 培养学生独立思考、分析问题的能力和独立工作能力。学生需要学会联系所学的理论知识，仔细观察和分析实验现象，认真地记录和处理数据、进行综合概括，从中得出正确的结论，从而使学生分析问题的能力和独立工作能力得到锻炼和提高。

④ 培养学生的科学工作态度和习惯。科学工作态度是指实事求是、忠实于所观察到的客观现象。当发现实验现象与理论不符时，注意检查操作是否正确或所应用的理论是否合适等。科学工作习惯是指操作正确、观察细致、认真分析、安排合理、整齐清洁等，这些都是做好实验的必要条件。

1.3 无机及分析化学实验课的学习要求

为了做好化学实验，应当充分预习、认真操作、仔细观察、如实记录，经归纳、整理，写好实验报告。具体要求如下：

① 实验前的预习　充分预习实验教材是保证做好实验的一个重要环节。预习时应明确实验目的、原理、内容、实验步骤、操作方法及注意事项等，写出预习报告。

② 提问和检查　实验开始前由指导教师进行集体或个别提问和检查，了解学生实验前的预习情况。如发现个别学生没有做好实验前的预习，教师可要求该学生暂停实验，待做好实验预习后，方可进行实验。

③ 进行实验　学生应遵守实验规则，虚心接受教师指导，按照实验教材上规定的方法、步骤及药品用量进行实验。细心观察现象，将现象和数据如实记录于实验记录本。同时应深入思考，分析产生现象的原因。

④ 书写实验报告　实验完毕后，及时认真写好实验报告，按时交给指导教师。实验报告要记载清楚、结论明确、文字简练、书写整洁，不合格者应退回重做。

1.4 实验室规则

① 实验前应做好预习，明确实验目的、要求、操作步骤、方法和基本原理，有计划地进行实验。

② 实验前清点仪器，仪器破损或缺少，应立即报告教师，履行报损手续，填写好报损单，由教师签署意见后去实验准备室换取新仪器。

③ 遵守纪律，不迟到，不早退，保持肃静，集中精神，操作规范，细致观察，周密思考，科学分析，将实验现象和数据如实记载在记录本上。

④ 实验时应遵守操作规则，严守实验安全守则，保证实验安全。

⑤ 爱护国家财产，小心谨慎使用仪器和设备，节约药品、水、电等。

⑥ 保持室内的整洁卫生，废纸、火柴梗、废液、金属等应放入废物缸或其他规定的回收容器内，严禁投入水槽、扔在地板或实验台面上。

⑦ 实验完毕后，将玻璃仪器洗净并放回原处，将药品架上的药品和实验台面整理干净。清洁水槽和地面，关闭水龙头，切断电源，关好门窗。室内的一切物品（仪器、药品和产物等）不得带离实验室，得到指导教师允许后，方能离开实验室。

1.5 实验室安全守则

进行化学实验时，会经常使用水、电和各种药品、仪器。化学药品中，很多是易燃、易爆、有毒和腐蚀性的。实验时，首先必须在思想上十分重视安全问题，决不能麻痹大意，在实验过程中应集中精力，严格遵守操作规则，方可避免事故发生，确保实验正常进行。

① 使用易燃、易爆的物质要严格遵守操作规程，取用时必须远离火源，用后把瓶塞塞严，于阴凉处保存。

② 涉及能产生有毒或有刺激性气体的实验，应在通风橱内（或通风安全处）进行。需要借助于嗅觉判别少量的气体时，决不能直接用鼻子对着瓶口或管口，而应该用手将气体轻轻扇向自己，然后再闻。

③ 加热、浓缩液体时，不能俯视加热的液体，加热的试管口不能对着自己或别人。浓缩液体时，要不停搅拌，避免液体或晶体溅出而受到伤害。

④ 使用酒精灯时，盛酒精不能超过其容量的 2/3。酒精灯要随用随点燃，不用时马上盖上灯罩。不可用点燃的酒精灯去点燃别的酒精灯，以免酒精溢出而失火。

⑤ 有毒药品(如重铬酸钾、钡盐、铅盐、砷的化合物、汞及汞的化合物，氰化物等）不得误入口内或接触伤口。氰化物不能碰到酸(氰化物与酸作用放出无色无味的 HCN 气体，剧毒！要特别小心!)。剩余的产(废）物及金属等不能倒入下水道，应倒入指定的回收容器内集中处理。

⑥ 浓酸、浓碱具有强腐蚀性，切勿溅在皮肤、眼睛或衣服上。稀释时应不断搅拌(必要时加以冷却）下将它们慢慢加入水中混合，特别是稀释浓硫酸时，应将浓硫酸慢慢加入水中，边加边搅拌，千万不可将水加入浓硫酸中。

⑦ 使用药品和仪器时，严格按操作规程进行实验，严格控制药品用量，绝对不允许随意混合各类化学药品。

⑧ 玻璃管切断后，应将断口熔烧圆滑，玻璃碎片要放入回收容器内，决不能丢在地面或实验台上。

⑨ 实验室内严禁饮食、吸烟。

⑩ 实验完毕，应洗净双手后才可离开实验室。

1.6　实验中意外事故处理

实验过程中，如发生意外事故，要保持冷静，可采取如下救护措施：

① 遇玻璃或金属割伤，伤口内若有碎片，须先设法挑出，伤口不大，出血不多，可擦碘酒，必要时在伤口撒上磺胺类消炎粉后包扎。

② 遇烫伤，可在烫伤处抹上苦味酸溶液或烫伤膏，烫伤达二度灼伤(皮肤起泡）或三度灼伤(皮肤灼焦破）时，应立即送医院治疗。

③ 遇强酸或强碱溶液溅在皮肤上，应立即用大量的水冲洗，然后分别用稀碱(5%碳酸氢钠或 10%氨水）或稀酸(2%硼酸或 2%醋酸）冲洗，最后用水冲洗。酸或碱溅入眼内，立刻用大量的蒸馏水冲洗，然后分别用 1%碳酸氢钠或 1%硼酸溶液淋洗，最后再用干净的蒸馏水冲洗。严重者应送往医院治疗。

④ 吸入刺激性或有毒气体而感到不适或头晕时，应立即到室外呼吸新鲜空气。严重者应立即送医院急救。

⑤ 遇触电时，应立即切断电源，用干燥木棒或竹竿使触电者与电源脱离接触，在必要时，进行人工呼吸、急救。

⑥ 起火后，立即设法灭火，采取措施防止火势蔓延(如切断电源、移走易燃和易爆物品等)。灭火方法要根据起火原因选用合适的方法，如遇有机溶剂(如酒精、苯、汽油、乙醚等）起火应立即用湿布、石棉或砂子覆盖燃烧物灭火，切勿泼水，泼水反而会使火势蔓延；若遇电器设备着火，必须先切断电源，只能使用四氯化碳灭火器灭火，不能使用泡沫灭火器，以免触电；实验人员衣服着火时，切勿惊慌乱跑，立即脱下衣服灭火，或用石棉布覆盖着火处，如果着火面积大来不及脱衣服时，就地卧倒打滚，也可起到灭火作用。无论何种原因起火，必要时应及时通知消防部门来灭火，火警电话号码 119。

1.7　无机及分析化学实验中常用仪器介绍

(1) 试管、离心管、试管架　试管根据其玻璃化学组成和对热的稳定性及大小的不同，分为硬质试管和软质试管等。试管有卷口试管 [图 1-1(a)]、平口试管 [图 1-1(b)]、具塞试管［图 1-1(c)］、有刻度或无刻度试管等多种。

试管和离心管的规格常以管口外径(mm)×管长(mm)，或管口内径(mm)×管长(mm)表示，刻度试管和离心管还以最小分度(mL）表示。试管用作少量试剂的反应容器，便于操作和观察。试管可以加热至高温，但不能骤热骤冷。特别是软质试管更易破裂。加热时要不断移动试管，使其受热均匀。小试管一般用水浴加热。

离心管有尖底或圆底离心管、有刻度或无刻度离心管等种类(图 1-2)。离心管用作少量试剂的反应容器，或少量沉淀的辨认和分离。离心管不能直接加热，只能用水浴加热。

试管架分为木料、塑料、金属或有机玻璃试管架多种(图 1-3)，用于承放试管或离心管等。

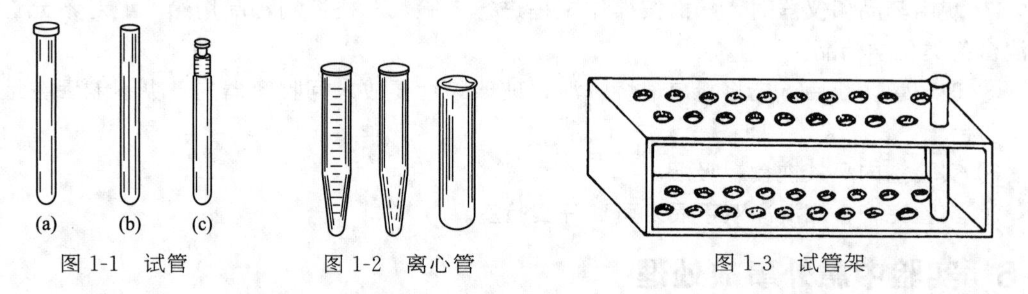

图 1-1　试管　　图 1-2　离心管　　图 1-3　试管架

(2) 试管夹　试管夹由木料和钢丝制成(图 1-4)。试管夹用于加热试管时夹持试管用，使用时要防止烧损或锈蚀。

(3) 毛刷　毛刷的规格以大小和用途表示。如试管刷、烧杯刷、滴定管刷等。各种毛刷有长、短、大、小之分(图 1-5)。

(4) 烧杯　烧杯规格以容量(mL)、全高(mm)、外径(mm）表示(图 1-6)。烧杯用作反应物量较多时的反应容器。加热时应在热源(如酒精灯)与杯底之间加隔石棉网或使用其他热浴(如砂浴、水浴、油浴等)，使其受热均匀，加热时勿使温度变化过于剧烈。

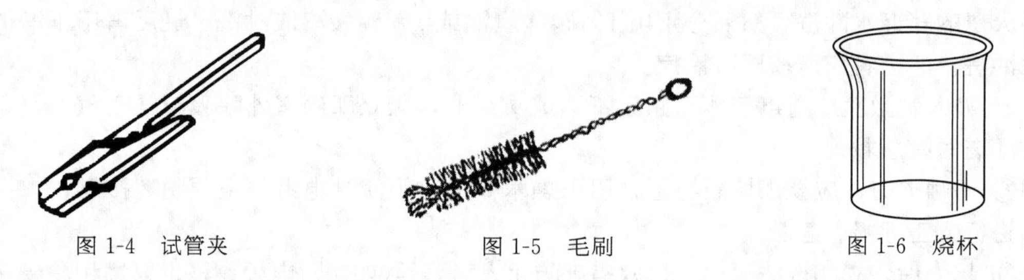

图 1-4　试管夹　　图 1-5　毛刷　　图 1-6　烧杯

(5) 试剂瓶　试剂瓶的规格以容量(mL)、瓶高(mm)、瓶外径(mm)、瓶口外径(mm)表示。一般有无色试剂瓶和棕色试剂瓶；有广口(或大口）试剂瓶(图 1-7）和细口(或小口)试剂瓶(图 1-8）等种。棕色试剂瓶多用于盛装见光易分解的试剂或溶液，如碘、硝酸银、高锰酸钾、碘化钾等试剂。广口试剂瓶多用于盛装固体试剂。细口试剂瓶盛装对玻璃侵蚀性小的液体试剂。试剂瓶盛装碱性物质时，应取下瓶塞改用橡皮塞或软木塞(注意保存原瓶塞)，或用塑料试剂瓶装。使用时要注意保持原瓶塞与瓶配套，瓶塞不能互换，不然密封不严。取用试剂时应将瓶塞倒放在桌上以免弄脏瓶塞。试剂瓶不能用火直接加热烘干，只能用恒温干燥箱或电热吹风进行干燥，或用盛装的溶液淌洗后使用。试剂瓶只能用于储存试剂，不能用作加热器皿，也不能注入使其骤冷骤热的试剂。试剂瓶不用时，应清洗干净，并在瓶口与瓶塞之间隔一纸条以防因搁置久后互相黏结。

（6）滴管　滴管由尖嘴玻璃与橡皮乳头构成(图 1-9)。滴管用于吸取或滴加少量(数滴或 1～2mL）试剂溶液，或吸取沉淀的上层清液以分离沉淀。用滴管加试剂时，应保持滴管垂直，避免倾斜，尤忌倒立。滴管除用于吸取蒸馏水和溶液外，不可接触其他器物，以免杂质沾污。

（7）滴瓶　滴瓶的规格以其容量(mL)、瓶高(mm)、瓶外颈(mm）表示。滴瓶有无色、棕色之分(图 1-10)。滴瓶用于盛装液体试剂。棕色试剂瓶盛装见光易分解的试剂。用滴瓶盛装碱性试剂要改用橡皮塞或软木塞，或改用塑料滴瓶。使用时，不能用火直接加热，可用恒温干燥箱或电吹风进行干燥；滴管不能互换，以利密封，避免溶液蒸发，更重要的是防止试剂互相混合使试剂变质。滴加试剂时，滴管应保持垂直，避免倾斜，尤忌倒立。除吸取和滴加滴瓶内试剂外，不可接触其他器物，以免杂质沾污。不使用时应清洗干净，并在滴管与瓶口之间夹一纸条，以防因久置后黏结。

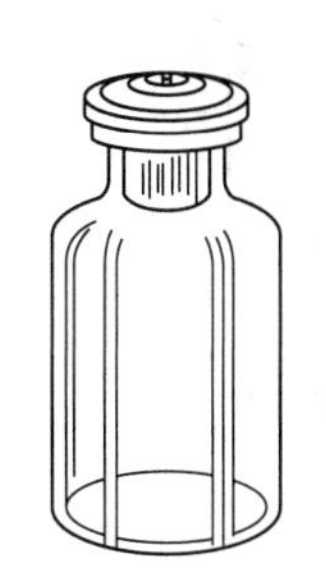

图 1-7　广口试剂瓶

图 1-8　细口试剂瓶

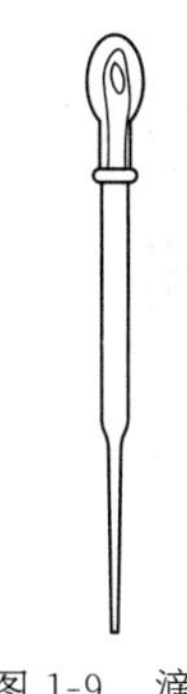

图 1-9　滴管

图 1-10　滴瓶

（8）量筒　量筒用于量取一定体积的试剂用。在量取要求不太准确的溶液时，使用量筒比较方便(图 1-11)。量筒规格以其容量(mL)、筒高(mm)、筒身内径(mm）及最小分度(mL）表示。量筒有 5～2000mL 等多种规格。使用时，必须选用合适规格的量筒，不要用大量筒量取小体积，也不要用小量筒多次量取大体积的溶液，以免增加误差。量度体积时以液面的弯月面的最低点为准。不能加热，不能注入使其骤冷骤热液体，也不能作反应器。

（9）称量瓶　称量瓶规格以瓶外径(mm)、瓶身高(mm）表示。称量瓶有高型称量瓶(图 1-12）和扁型称量瓶(图 1-13）两种。称量瓶用于要求准确称取一定量的固体样品或固体试剂时。不能用火直接烤干，应在恒温干燥箱内进行干燥，瓶口和瓶盖是磨口配套的，不能互换。干燥的称量瓶不能用手直接拿取，应用干净厚纸条带圈套在称量瓶瓶身上，左手拿住纸条，把称量瓶拿起。称量瓶盖也要用纸套住拿取。洗净并经烘干的称量瓶要冷至接近室温时，放入干燥器内，继续冷却至室温，称量时再从干燥器内取出直接置于天平秤盘上。

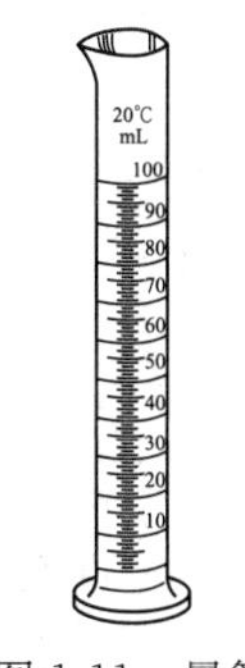

图 1-11　量筒

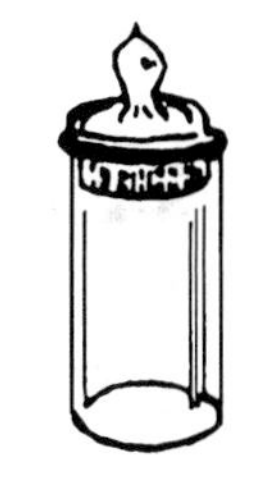

图 1-12　高型称量瓶

图 1-13　扁型称量瓶

（10）干燥器　干燥器的规格以其器口内径（mm）、器高（mm）、器内瓷板直径（mm）的大小表示。有普通干燥器（图 1-14）和真空干燥器（图 1-15），两种各有无色和棕色之分。干燥器内放干燥剂，可保持样品、试剂和产物的干燥。棕色干燥器用于存放需避光存放的样品、试剂和产物。需要在减压条件下干燥的样品，应使用真空干燥器。使用时，要防止盖子滑动而打碎，灼热过的样品和物体干燥前要待其冷至室温后方可放入干燥器内，未完全冷却前要每隔一定时间打开盖子，以调节器内的气压，使器内气压与外压相同。干燥器内的干燥剂失效时要及时更换。

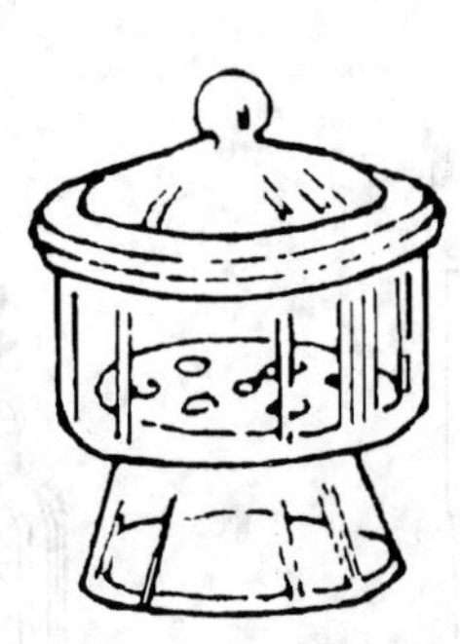

图 1-14　普通干燥器

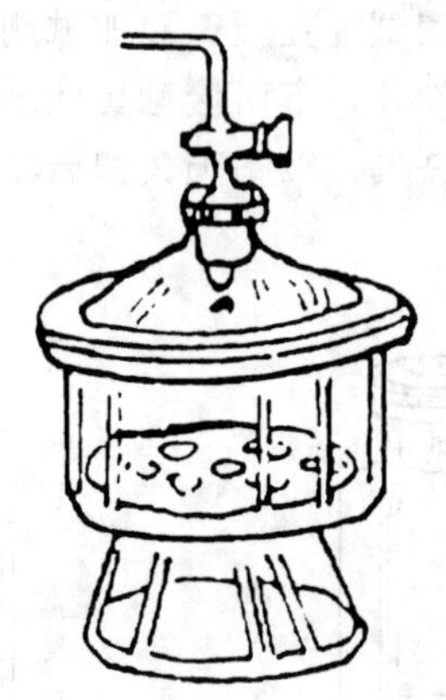

图 1-15　真空干燥器

（11）药匙　药匙是用于取用粉末状或小颗粒状固体试剂的工具。药匙由牛角、瓷、玻璃、塑料或不锈钢制成，现多数是塑料制品。有的药匙两端各有一个勺，一大一小，可以根据取用药量多少选用。塑料或牛角的药匙不能用以取灼热的药品。药匙取用一种药品后，必须洗净，并用滤纸屑擦干后，才能取用另一种药品（图 1-16）。

（12）表面皿　表面皿以口径（mm）大小表示（图 1-17）。盖在烧杯上，防止液体迸溅或其他用途。表面皿不能用火直接加热。

（13）普通漏斗　普通漏斗简称漏斗（图 1-18），可分为短颈漏斗和长颈漏斗两种。漏斗的锥角呈 60°，是用于常压过滤、分离固体与液体的一种器皿。短颈漏斗也用于加注液体；长颈漏斗的颈部较长，过滤时容易形成液柱，可以使滤速加快，因此常常用于重量分析实验中。漏斗口直径规格通常在 60～80mm。漏斗不能用火直接加热。

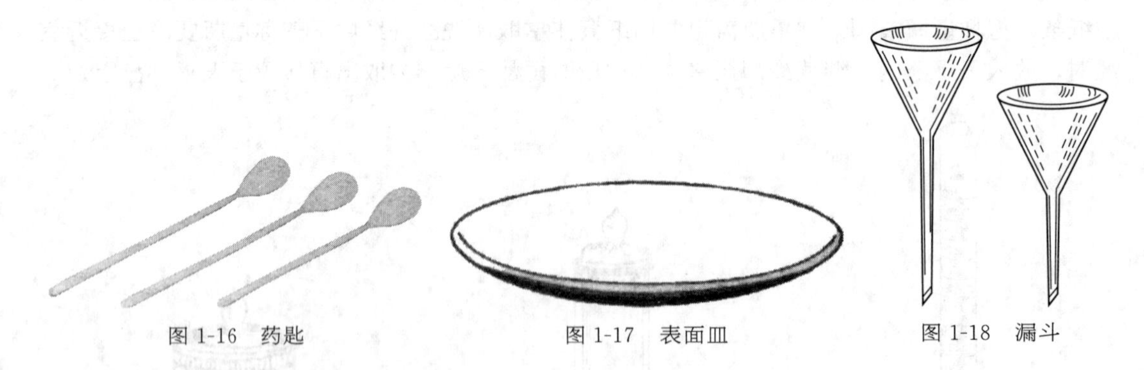

图 1-16　药匙　　图 1-17　表面皿　　图 1-18　漏斗

（14）点滴板　点滴板又称比色板（图 1-19），是化学分析中简便快速的定性分析器皿。规格有 6 孔与 12 孔，颜色有黑色与白色两种。试剂反应在点滴板凹槽中进行。有色沉淀反应用白色点滴板，白色沉淀用黑色点滴板。

（15）坩埚　坩埚以容积（mL）大小表示，有瓷、石英、铁、镍或铂等不同质的坩埚（图 1-20）。坩埚作为灼烧固体用的器皿，随固体性质不同可选用不同质地的坩埚。坩埚可直接用火加热至高温。灼热的坩埚不可直接放在桌上，应放在石棉网上冷却。

（16）蒸发皿　蒸发皿的规格以皿口直径（mm）和皿高（mm）表示，有圆底蒸发皿（具嘴）和平底蒸发皿（具嘴）两种（图 1-21）。有瓷、石英、铂等不同质的蒸发皿，供蒸发不同的液体时选用。蒸发皿能耐高温，但不宜骤冷，蒸发溶液时，一般放在石棉网上加热。瓷蒸发皿有带柄与无柄两种类型。

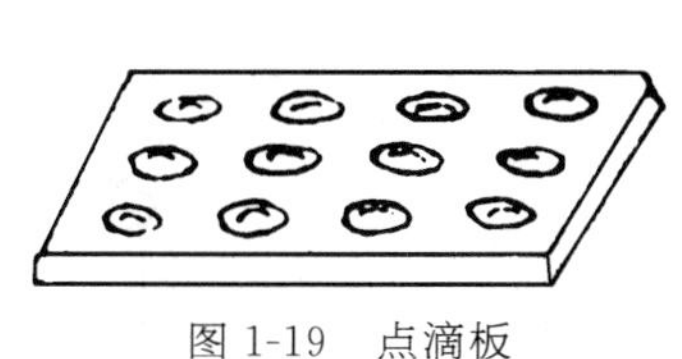
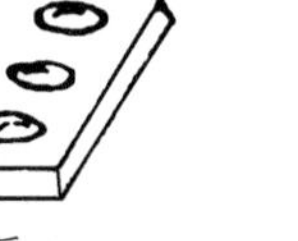

图 1-19　点滴板

图 1-20　坩埚

图 1-21　蒸发皿

（17）抽滤瓶、布氏漏斗　抽滤瓶又称过滤瓶，它的规格用容量（mL）、瓶高（mm）、瓶底外径（mm）和瓶颈外径（mm）大小表示（图 1-22）。

布氏漏斗为瓷质，中间有一块很多小孔的瓷板。布氏漏斗的规格以其容量（mL）和口径（mm）表示（图 1-23）。它和抽滤瓶及抽气泵配套使用，用于化合物制备中晶体或沉淀的减压过滤。

（18）石棉铁丝网　石棉铁丝网由铁丝编成铁丝网，中间涂有石棉，有大、小之分（图 1-24）。石棉是热的不良导体，能使受热物体均匀受热，不致造成局部高温，引起受热液体迸溅。石棉网不能与水接触，以免石棉脱落和铁丝锈蚀。

（19）研钵　研钵的规格以其内径（mm）和钵身高（mm）的大小表示（图 1-25）。有瓷、玻璃、玛瑙或铁等不同材质的研钵，用于研磨各种固体物质。研钵只能研而不能敲，也不能用火直接加热。

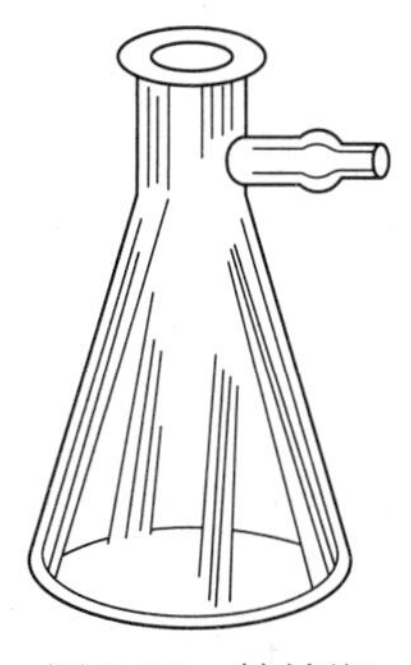

图 1-22　抽滤瓶

图 1-23　布氏漏斗

图 1-24　石棉铁丝网

图 1-25　研钵

（20）铁架、铁环　铁架、铁环用于固定或放置反应容器。铁环还可以代替漏斗架放置漏斗用。铁架上的铁环换上滴定管夹就可夹持滴定管（图 1-26）。

（21）铁三脚架　铁三脚架有大小、高低之分，比较牢固（图 1-27）。在铁三脚架上放上石棉铁丝网或铁丝网等，在网上就可以放置反应容器，如烧杯、蒸发皿等。

（22）坩埚钳　坩埚钳是铁制品，用于夹持坩埚（图 1-28）。要夹持在高温下的坩埚时，须把坩埚钳放在火焰旁边预热一下，以免坩埚因骤冷而破裂。坩埚钳用完后应平放在桌上。

(23) 洗瓶　常用塑料制成挤压式洗瓶，其规格以容量(mL) 表示(图 1-29)。如 250mL、500mL、1000mL 洗瓶。洗瓶盛装蒸馏水、用于洗涤沉淀和容器。洗瓶不能用火直接加热。

(24) 温度计　温度计是专用于测量物质温度的仪器，其规格按计温范围、分度、管的全长(mm) 和管径的大小(mm) 来区别(图 1-30)。化学实验中常用的温度计是细玻套水银温度计。温度计水银球部位的玻璃很薄，容易打破，使用时要特别保护。不能将温度计当搅拌棒使用，不能测定超过温度计所规定的温度。温度计用后要让它自然冷却，特别在测量高温之后，切不可骤冷，否则容易破裂。在测量高温后，应将温度计悬挂起来，让其慢慢冷却。温度计用后要洗净擦干，放置温度计盒内保存，盒底要垫上一小块棉花。如果是纸筒，放回温度计时要预先检查筒底是否完好。

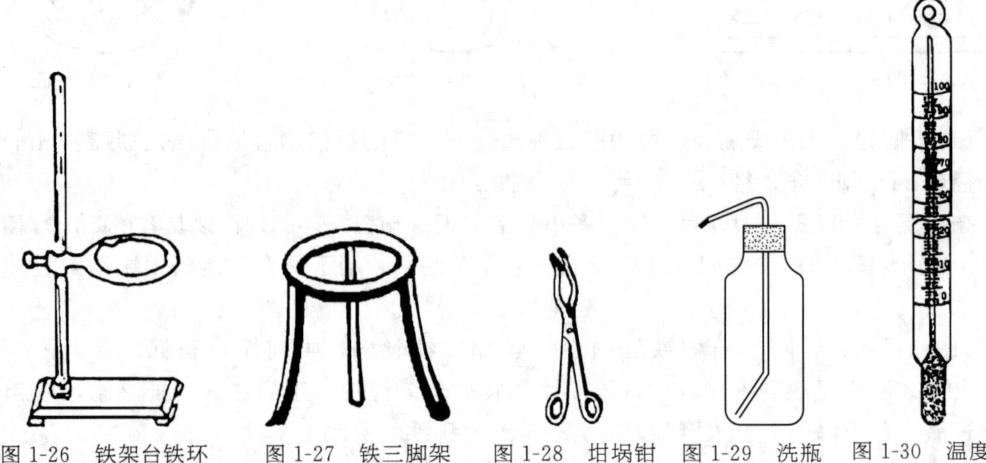

图 1-26　铁架台铁环　　图 1-27　铁三脚架　　图 1-28　坩埚钳　图 1-29　洗瓶　图 1-30　温度计

(25) 移液管、吸量管　移液管和吸量管是用于准确地移取一定体积液体的量器(图 1-31)。

移液管是一中间膨大(称为球部) 的量器 [图 1-31(a)]。球部以上的管颈上刻有一环形标线，球部处标示其容积(mL) 和测量容积时的温度(℃)。常用的移液管有 5mL、10mL、20mL、25mL、50mL 和 100mL 等多种规格。它用于准确移取一定体积(如移取 5mL、10mL、20mL、25mL 等整数体积) 的液体。当吸入溶液的弯月面下缘的最低点与标线相切(液面弯月面下缘的最低点、标线与视线均应在同一水平面上) 后，让溶液自然放出，此时所放的溶液的体积即等于管上标出的体积。在任溶液自然放出时，最后因毛细作用总有一小部分溶液留在下管口不能落下，这时不必用外力使之放出，因在标定移液管的容量时，就没有把这一点溶液计算在内，移液管可以计量到小数点第二位(0.01mL)。

吸量管是一刻有分度的内径均匀的直形玻璃管 [图 1-31(b)]。用以量取不同体积的液体。有一种吸量管的分度一直刻到管口 [图 1-31(b)]，使用这种吸量管时，必须把所有溶液放出(包括下管口残留的少量溶液)，总体积才符合标示的数值。也有一种吸量管的分度只刻到距离管口尚差 1～2cm 处，使用这种吸量管时，当然只需将溶液放至液面落到最末的刻度时即可，不要吹出剩余溶液。用吸量管时，总是使液面由某一分度(通常为最高标线) 落到另一分度，使两分度间的体积刚好等于所需体积，因此，很少把溶液直放到吸量管底部的。

吸量管的分度，有的由上至下分度，也有的由下至上分度。在同一实验中尽可能使用同一吸量管的同一段，而且尽可能使用上面部分，不用末端收缩部分。吸量管的最小分度有 0.1mL、0.02mL 以及 0.01mL 等几种。

（26）容量瓶　容量瓶是一个细颈梨形的平底瓶。瓶塞带有磨口玻璃塞，细颈上刻有环形标线，瓶上标有容积（mL）和标定时的温度（一般为 20℃），如图 1-32 所示。在指定的温度下（一般为 20℃）当液体充满到标线时，液体体积恰好与瓶上所标的体积相等。容量瓶有 10mL、25mL、50mL、100mL、250mL、1000mL、2000mL 几种规格，并有白、棕两色，棕色的用来配制见光易分解的试剂溶液。容量瓶不能加热，磨口瓶塞是配套的，不能互相调换。容量瓶用于配制准确的一定体积的溶液，也可用于浓标准溶液的稀释。

（27）滴定管　滴定管有常量与微量的滴定管之分，常量滴定管又分为酸式滴定管［图 1-33(a)］和碱式滴定管［图 1-33(b)］两种。各有白色、棕色之分。酸式滴定管的下端有玻璃旋塞（现多为聚四氟乙烯旋塞）开关，用于盛装酸性、氧化性（如 $KMnO_4$ 液等）以及盐类的稀溶液，不适用于装碱性溶液。因为碱性溶液会腐蚀玻璃，使旋塞不能转动。碱式滴定管的下端连接一段橡皮管，管内中部夹住一个比橡皮管管径稍大的玻璃珠作为开关以控制溶液流出，橡皮管下端接一尖嘴玻璃管，碱式滴定管用于盛装碱性溶液和无氧化性溶液。棕色滴定管用于盛装见光易分解的溶液。常量滴定管的容积有 20mL、25mL、50mL、100mL 四种规格。管上刻有容积（mL）和标定容积时的温度（℃）。分度刻线有半刻度和全刻度两种，精度为 0.2～0.1mL，估计读数 0.02mL。微量滴定管，容积有 1mL、2mL、3mL、5mL、10mL 五种规格，刻度精度因规格不同而异，一般可准确到 0.005mL 以下。滴定管主要用于容量分析，它能准确读取试液用量，操作比较方便。

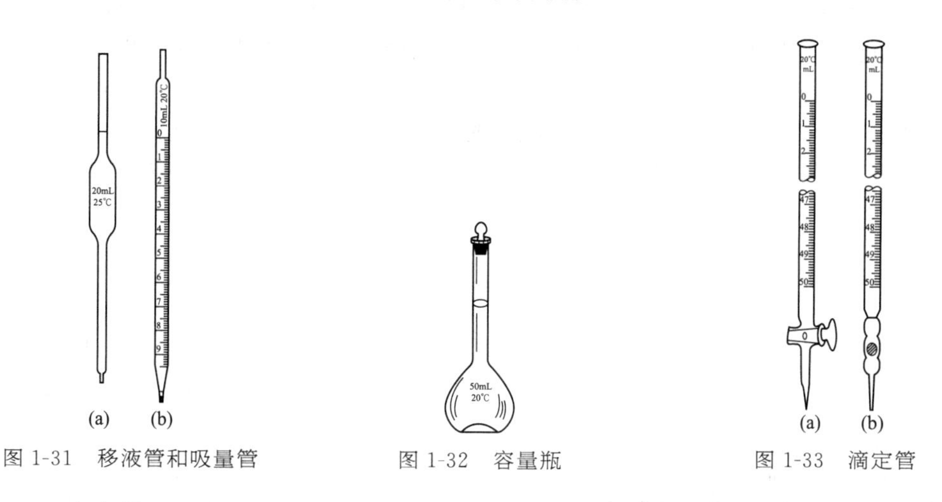

图 1-31　移液管和吸量管　　图 1-32　容量瓶　　图 1-33　滴定管

（28）比色管　比色管是化学实验中用于目视比色分析实验的主要仪器。外形与普通试管相似但比试管多一条（或两条）精确的刻度线并配有橡胶塞或玻璃塞，且管壁比普通试管薄，常见规格有 10mL、25mL、50mL 三种（图 1-34）。比色管不是试管，不能加热，且比色管管壁较薄，要轻拿轻放。同一比色实验中要使用同样规格的比色管。清洗比色管时不能用硬毛刷刷洗，以免磨伤管壁影响透光度。

（29）比色皿　比色皿又名吸收池、比色杯、样品池，是用来装参比液、样品液的装置。配套在光谱分析仪器上，如分光光度计、血线蛋白分析仪、粒度分析仪等，可对物质进行定量、定性分析。因容积与光路宽的不同有多种型号，根据试液多少选用。一般根据光路宽分为 0.2cm、0.4cm、1cm、5cm、10cm 等多种（图 1-35）。比色皿根据材质不同，分为玻璃比色皿和石英比色皿两种。玻璃比色皿只适用于可见光区，在紫外区测定时要用石英比色皿。

不能用手指拿比色皿的光学面(应拿毛面)，用后要及时洗涤，太脏时可用温水或稀盐酸、乙醇甚至铬酸洗液(浓酸中浸泡不要超过 15min)，表面只能用柔软的绒布或镜头纸擦净。

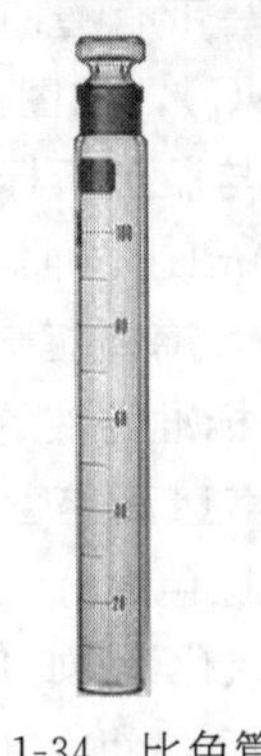

图 1-34　比色管

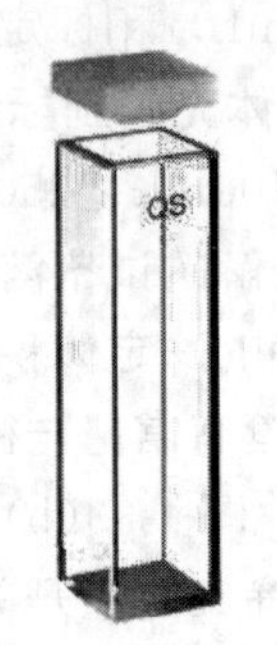

图 1-35　比色皿

(30) 台天平　台天平又叫托盘天平，用于粗略的称量，能称至 0.1g，也有可称至 0.01g 的，其使用方法相同(图 1-36)。台天平的横梁架在台天平座上，横梁左右各有一个盘子。在横梁中部的上方有指针，根据指针 A 在刻度盘 B 摆动的情况，可以看出台天平的平衡状态。

(31) 电子天平　电子天平是物质计量中唯一可自动测量、显示甚至可自动记录、打印结果的天平(图 1-37)。电子天平的最大称量值因型号不同而有所差异，使用前应该特别注意，最高读数精度可达±0.01mg。其称量原理是电磁力与物质的重力相平衡，即直接检出值是物质的重量而非质量，故天平使用时，要随使用地的纬度、海拔高度随时校正其重力常量 g 值，方可获取准确的质量。常量或半微量电子天平一般内部配有标准砝码和质量的校正装置，经随时校正后的电子天平可获取准确的质量读数。天平在使用的过程中会受到所处环境温度、气流、震动、电磁干扰等因素影响，因此要尽量避免在这些环境下使用。

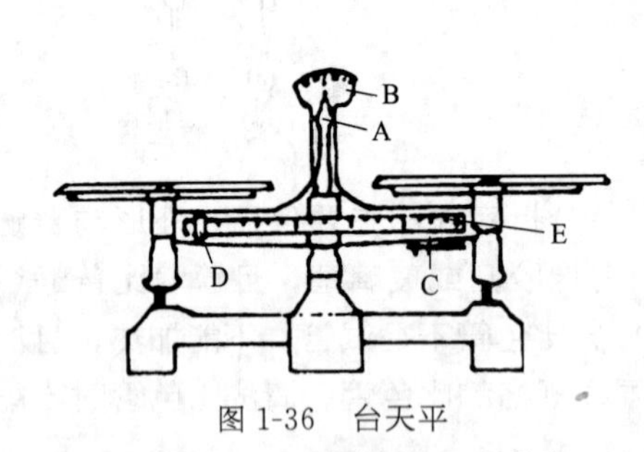

图 1-36　台天平

A—指针；B—刻度盘；C—平衡螺母；D—游码；E—标尺

图 1-37　电子天平

第 2 章 实验基本操作

2.1 台天平的使用方法

台天平又叫托盘天平(图 1-36)，使用台天平称量时，可按下列步骤进行：

(1) 零点调整　使用台天平前需把游码 D 调至标尺的零处。托盘中未放物体时，如指针不在刻度零点附近，可用零点调节螺丝 C 调节。

(2) 称重　称量物不能直接放在天平秤盘上称重，以避免天平秤盘受腐蚀。一般物品放在已称过质量的纸或表面皿上，潮湿的或具腐蚀性的药品则应放在玻璃容器内。台天平不能用于称取热的物质。称量时，称量物放在左盘，砝码放在右盘，按从大到小的次序添加砝码。在添加刻度标尺 E 以内的质量时可移动游码，直至指针指示的位置与零点相符(偏差不超过 1 格)、或指针左右摆动的格数相等(偏差不超过 1 格)。砝码质量加上刻度标尺的读数即为称量物的质量。

(3) 整理　称量完毕，应把砝码放回盒内，把游码标尺的游码移到刻度“0”处，将台天平打扫干净。

2.2 电子天平的使用方法

电子天平(图 1-37) 是精确称量物体质量的常用仪器，应熟练掌握其使用方法。

2.2.1 称量步骤

使用电子天平称量时，可按下列步骤进行：

① 开机：轻按“ON” 键 3s，天平进行自检，最后显示“0.0000g”。

② 置容器于天平秤盘上，显示出容器质量。

③ 轻按“TAR” 键清零、去皮键，随即出现全零状态，容器质量显示值已去除，即去皮重。

④ 放置被称物于容器中，这时显示值即为被称物的质量值。

⑤ 累计称量步骤：采用去皮重称量法，将被称物逐个置于天平秤盘上，并相应逐一去皮清零，最后移去所有被称物，则显示数的绝对值为被称物的总质量值。

⑥ 定量称量步骤：按住“INT” 键不松手，可调至“INT-0” 模式，置容器于天平秤盘

上，去皮重。将被称物(液体或松散物) 逐步加入容器中，能快速得到连续读数值。当加入被称物达到所需质量，显示器最左边“0” 熄灭，这时显示的数值即为用户所需的称量值。当加入混合物时，可用去皮重法，对每种物质计净重。

⑦ 读取偏差：置基准砝码(或样品) 于天平秤盘上，去皮重，然后取下基准砝码，显示其质量负值。再置被称物于天平秤盘上，视被称物比基准砝码重或轻，相应显示正或负偏差值。

⑧ 天平的维护与保养：天平必须小心使用。天平秤盘与外壳须经常用软布和牙膏轻轻擦洗。

2.2.2 称量方法

(1) 直接法　此法用于称取不易潮解或升华，在空气中性质稳定的物质。将试样置于天平秤盘的表面皿上直接称取。记下准确的称量结果，并将称得的试样，全部转移到准备好的干净容器中。

(2) 增量法　增量法又称固定质量称量法，用于称量某一固定质量的试剂或试样。这种称量操作的速度很慢，适用于称量不易吸潮，在空气中能稳定存在的粉末或小颗粒(最小颗粒应小于 0.1mg) 样品，以便精确调节其质量。首先将干燥容器(或称量纸) 放入天平秤盘，按“TAR” 键去皮清零。然后用药匙取一定量样品，用左手手指轻击右手腕部，将药匙中样品慢慢震落于容器内，当达到所需质量时停止加样，关上天平门，显示平衡后即可记录所称取试样的质量。

(3) 减量法　此法用于称量粉末状或容易吸水、氧化、与 CO_2 反应的物质。一般使用称量瓶称出试样。称量瓶使用前须清洗干净，在 105℃左右的烘箱内烘干(图 2-1)，再放入干燥器内冷却。

称量样品时，称量瓶不能用手直接拿取，而要用干净的纸条套在称量瓶上拿取。把装有试样的称量瓶盖上瓶盖，放在天平秤盘上，准确称至 0.1mg。用左手捏紧套在称量瓶上的纸条，取出称量瓶，右手隔着一小纸片捏住盖顶，在容器(一般为烧杯或锥形瓶) 口的上方轻轻地打开瓶盖，慢慢地倾斜瓶身，一般使称量瓶的瓶底高度与瓶口相同或略低于瓶口，以防试样冲出太多。用瓶盖轻轻敲击瓶口上方，使试样慢慢落入容器中(图 2-2)。当倒出的试样达到所需的量时，慢慢将称量瓶竖起，同时用瓶盖轻轻敲击瓶口上方，使附在瓶口的试样落入容器或称量瓶内，然后盖好瓶盖，这时方可将称量瓶移开容器上方并放回天平秤盘再进行称量。最后，由两次称量之差计算称出试样的重量。

图 2-1　称量瓶的烘干

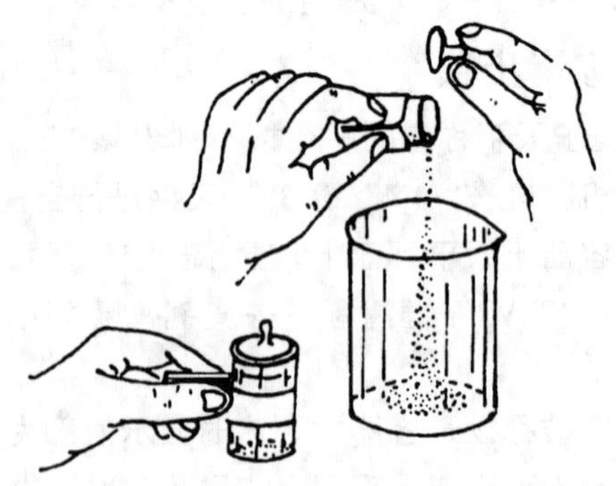

图 2-2　倒出试样

2.2.3　使用规则

分析天平是一种精密仪器，使用时必须严格遵守下列规则：

① 称量前应进行天平的外观检查。

② 热的物体不能放在天平秤盘上称量，因为天平秤盘附近因受热而上升的气流，将使称量结果不准确。

③ 对于具有腐蚀性蒸气或吸湿性的物体，必须把它们放在密闭容器内称量。

④ 在天平秤盘上放入或取下物品时，应轻拿轻放。

⑤ 称量读数时，应关好天平门，防止空气扰动。

⑥ 称量完毕后，应用毛刷将天平内掉落的称量物清除，检查天平是否复原，然后用罩布将天平罩好。

2.3　灯的使用

在实验室的加热操作中，常使用酒精灯、酒精喷灯、煤气灯或电炉等。酒精灯的温度通常可达400～500℃，酒精喷灯或煤气灯的最高温度通常可达1000℃，高温电炉则可达更高的温度。灯的火焰一般分成三部分，各处温度不同，如图2-3所示。

（1）酒精灯　加入酒精的量只能占酒精灯容积的2/3。点燃酒精灯需用火柴，切勿用已点燃的酒精灯直接去点燃别的酒精灯。熄灭灯焰时，切勿用嘴去吹，应将灯罩盖上，火焰即灭；然后再取下灯罩，待灯口冷却，再盖上灯罩，这样可以防止灯口破裂，也可以防止塑料灯罩受热损坏。长时间加热时最好预先用湿布将灯身包围，以免灯内酒精受热大量挥发而发生危险。不用时，必须将灯罩盖好，以免酒精挥发。

（2）酒精喷灯　常用的酒精喷灯有挂式(图2-4)及座式两种。挂式喷灯的酒精储存在悬挂于高处的储罐内，而座式喷灯的酒精则储存在灯座内。

使用前，先在预热盆中注入酒精，然后点燃盆中的酒精以加热铜质灯管。待盆中酒精将近燃完时开启开关(逆时针转)，这时由于酒精在灯管内汽化，并与来自气管孔的空气混合。开关阀门可以控制火焰的大小。用毕后，旋紧开关，即可使灯焰熄灭。

应当指出，在开启开关、点燃管口气体以前，必须充分灼热灯管，否则酒精不能全部汽化，会有液态酒精由管口喷出，可能形成“火雨”(尤其是挂式喷灯)，甚至引起火灾。

挂式喷灯不使用时，必须将储罐开关关好，以避免酒精漏出，甚至因此而发生事故。

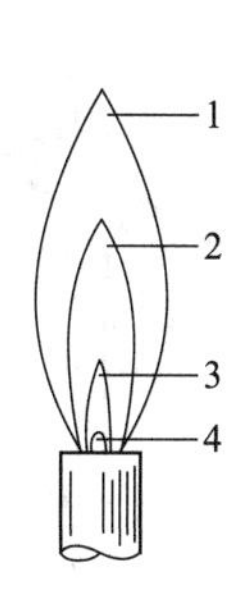

图2-3　酒精灯火焰温度分布

1—高温；2—最高温；3—低温；4—最低温

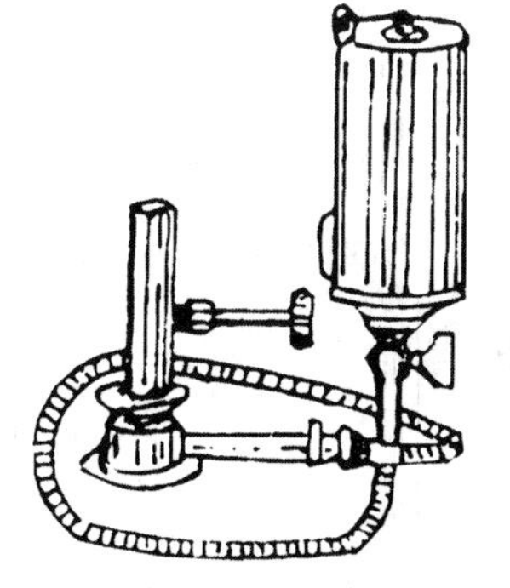

图2-4　挂式酒精喷灯的结构

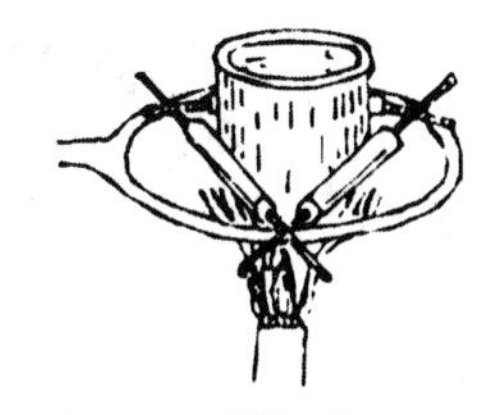

图2-5　坩埚的灼烧

2.4 加热方法与冷却方法

2.4.1 加热方法

常用的受热仪器有烧杯、烧瓶、锥形瓶、蒸发皿、坩埚、试管等。这些仪器一般不能骤热骤冷，受热后也不能立即与潮湿的或冷的物体接触，以免由于骤冷或骤热而破裂。加热液体时，液体体积一般不应超过容器的一半，在加热以前必须将容器外壁擦干。

烧杯、锥形瓶、烧瓶等加热时，必须放在石棉网上加热，以免受热不均匀而破裂。蒸发皿、坩埚可放在石棉网上加热，或放在泥三角上加热、灼烧(如图 2-5 所示)，如需移动则必须用干净坩埚钳夹取。

在火焰上加热试管时，应使用试管夹夹住试管的中上部(也可用拇指和食指持试管)，倾斜试管使之与桌面成约 60°(图 2-6)。如果加热液体，应先加热液体的中上部，慢慢移动试管，热及下部，然后不时上下移动或摇荡试管，使内部的液体受热均匀，以免管内液体因受热不均匀而骤然溅出。

如果加热潮湿的或加热后有水产生的固体时，应将试管口稍微向下倾斜，使管口略低于底部(图 2-7)，以免在试管口冷凝的水流向灼烧的管底而使试管破裂。

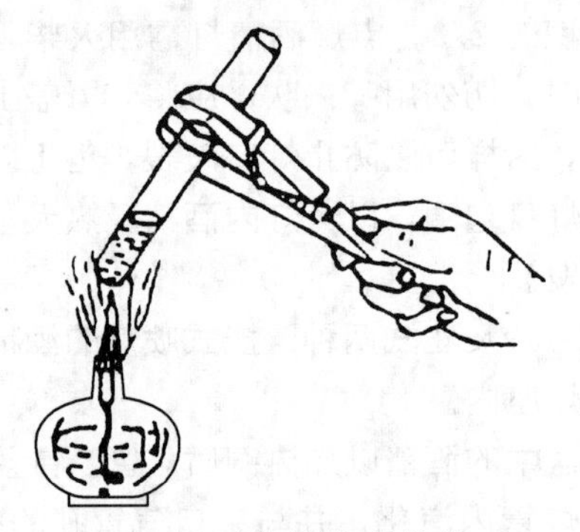

图 2-6 用试管加热液体

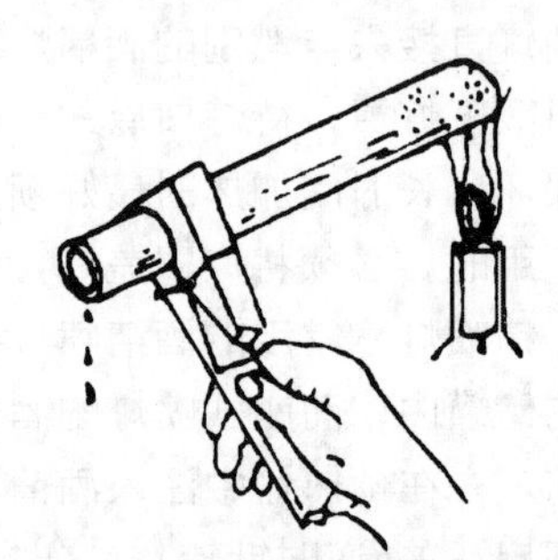

图 2-7 用试管加热潮湿的固体

如果要在一定范围的温度下进行较长时间加热，则可使用水浴(图 2-8)、蒸气浴(图 2-9)或砂浴等。水浴或蒸气浴可用具有可移动的同心圆盖的铜制锅(如图 2-9，也可用烧杯)。砂浴是盛有细砂的铁盘。应当指出，离心试管由于管底的玻璃较薄，不宜直接加热，应在热水浴中加热。

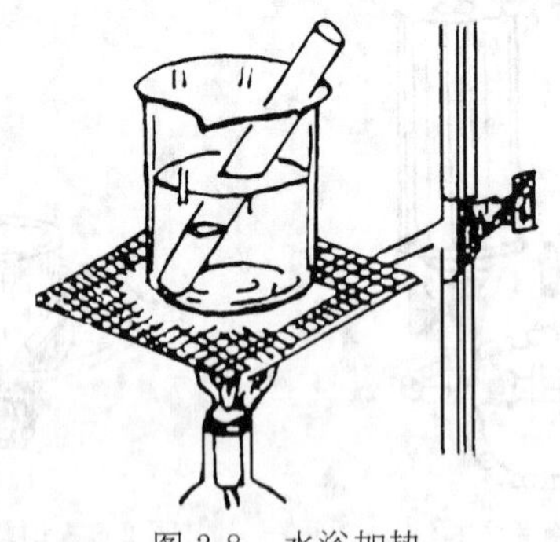

图 2-8 水浴加热

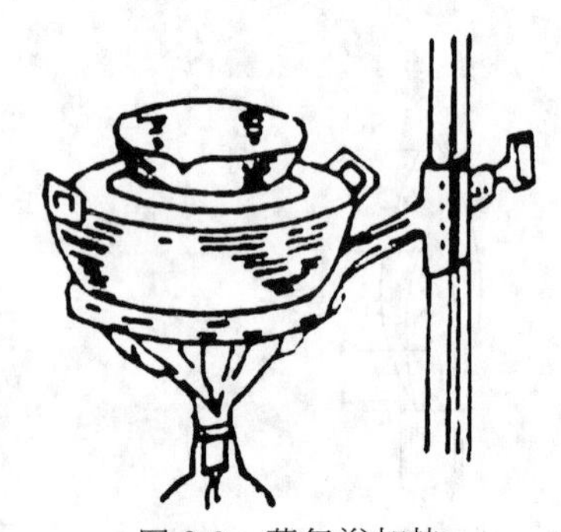

图 2-9 蒸气浴加热

在 100～250℃间加热可用油浴。常用的油类有液体石蜡、豆油、棉籽油、硬化油(如氢化棉籽油) 等。新用的植物油加热以不超过 200℃为宜，用久以后，可加热到 220℃。硬化油可加热到 250℃左右。甘油适用于加热到 140～150℃。应防止加热温度过高，否则会产生油的分解，甚至燃烧。万一着火，不要慌张，应首先关闭热源，再移去周围易燃物，然后用石棉盖住油浴口。油浴中应悬挂温度计，以便控制温度。

加热完毕后，把容器提出油浴液面，此时仍用铁夹夹住，置于油浴上面，待附着在容器外壁上的油流完后，用纸或干布把容器外壁擦净。

2.4.2　冷却方法

将反应物冷却的最简单的方法是将盛有反应物的容器适时地浸入冷水浴中。

某些反应需在低于室温的条件下进行，则可用水和碎冰的混合物作冷却剂，它的冷却效果要比单用冰块好，因为它能和容器更好地接触。如果水的存在不妨碍反应的进行，则可以把碎冰直接投入反应物中，这样能更有效地保持低温。

若要把反应混合物冷却到 0℃以下时，可用食盐和碎冰的混合物，食盐投入冰内时碎冰易结块，最好边加边搅拌；也可用冰与六水合氯化钙结晶($CaCl_2 \cdot 6H_2O$) 的混合物，温度可达到－20～－40℃。如用干冰(固体二氧化碳) 与丙酮混合物，温度可达到－77℃。

2.5　药品的取用方法

取用药品前，应看清标签和瓶子类型。取用药品时，如遇到瓶塞顶是平的或很接近平的瓶塞，取出后要倒置桌上；并要放稳妥，如遇到瓶塞顶不是平的，是扁凸的或球状的，要用食指和中指(或中指和无名指) 将瓶塞夹住(或放在清洁、干净的表面皿上，但要防止沾污)，绝不可横置桌上。

固体药品需用清洁、干燥的药匙(塑料、玻璃或牛角的) 取用，不得用手直接拿取。

液体药品一般可用量筒量取，或用滴管吸取，用滴管将液体滴入试管中时，应用左手垂直地拿住试管，右手持滴管位于试管口的上方正中处(图 2-10)，否则，滴管口易沾有试管壁上的其他液体，如果将此滴管放入药品瓶中，则会沾污该瓶中的药品(图 2-11)。若所用的是滴瓶中的滴管，使用后应立即插回原来的滴瓶中，不得把盛有液体药品的滴管横置或将滴管口向上斜放，以免液体流入滴管的橡皮头内。

用量筒量取液体时，应左手持量筒，并以在拇指指示所需体积的刻度处；右手持药品瓶(药品标签应在手心处)。瓶口紧靠量筒口边缘，慢慢注入液体到所指刻度(图 2-12)。读取刻度时，视线应与量筒内液体的弯月面的最低处保持在同一水平上。如果不谨慎，倒出了过多的液体，不可倒回原瓶，应报告老师后作处理。

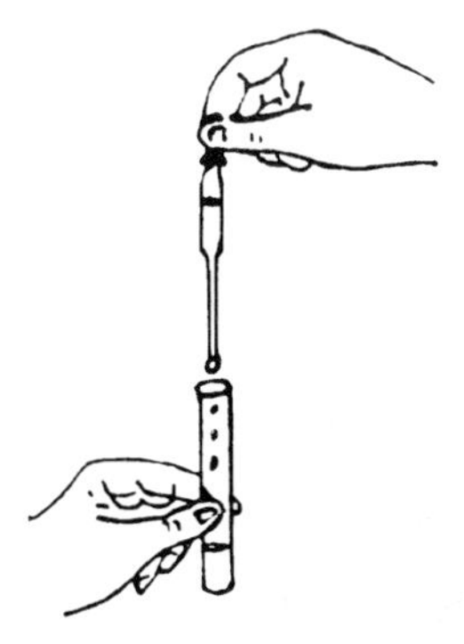

图 2-10　用滴管加液体药品的正确操作

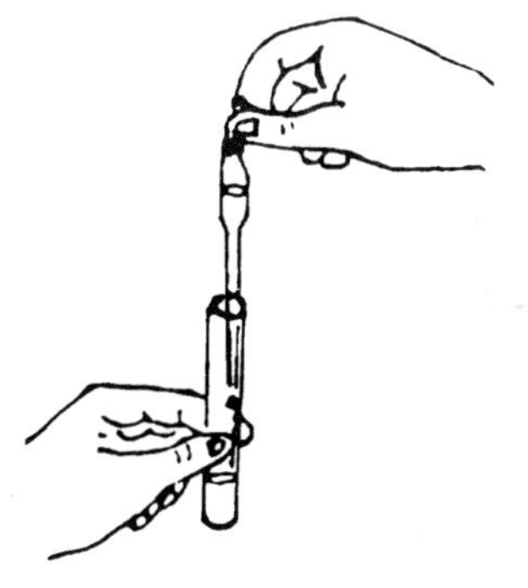

图 2-11　用滴管加液体药品的不正确操作

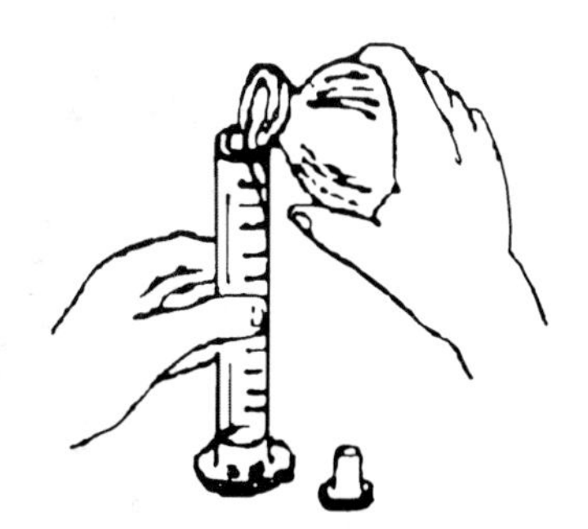

图 2-12　用量筒量取液体的操作

药品取用后，必须立即将瓶塞盖好。实验室中药品瓶的安放，一般均有一定的次序和位置，不得任意变动。若必须移动药品瓶，使用后应立即放回原处。

2.6 沉淀的分离、洗涤、烘干和灼烧

2.6.1 沉淀的分离、沉淀的洗涤

（1）倾析法　当沉淀的密度较大或结晶颗粒较大，静置后容易沉降至容器的底部时，可用倾析法。首先让固-液系统充分静置，沉淀上部出现澄清溶液倾入另一容器内，即可使沉淀和溶液分离(图 2-13)。洗涤时，可往盛着沉淀的容器内加入少量洗涤剂(常用的有蒸馏水、酒精等)，把沉淀和洗涤剂充分搅匀后，充分静置，使沉淀沉降，再小心地倒出洗涤液。如上操作重复两三遍，即可洗净沉淀。

（2）过滤法　分离溶液与沉淀最常用的操作是过滤法。当溶液和沉淀的混合物通过滤器（如滤纸）时，沉淀就留在滤器上，溶液通过滤器。过滤后所得的溶液通常称滤液。

溶液的温度、黏度，过滤时的压力，过滤器孔隙大小和沉淀的性质，都会影响过滤的速度。热溶液比冷溶液易过滤。溶液的黏度愈大，过滤愈慢。减压过滤比常压过滤快。过滤器的孔隙要选择适当，太大易透过沉淀，太小则易被沉淀堵塞，使过滤难以进行。若沉淀呈现胶状时，能穿透一般的滤器(如滤纸)，应设法先把沉淀的胶态破坏(例如加热)。总之，要考虑各方面的因素来选用不同的过滤法。

常用的过滤法有常压过滤和减压过滤，现分述如下。

① 常压过滤　常压过滤就是在通常的气压下，用贴有滤纸的漏斗作为滤器来进行过滤。其操作如下：

a. 选择滤纸和漏斗　根据沉淀量和沉淀性质(胶状沉淀或晶体沉淀）来选择尺寸和孔隙大小(或致密程度）合适的圆形滤纸。沉淀的量多，滤纸要大。沉淀只能装到相当于滤纸圆锥高度的 1/3～1/2 处。经常用的是 7cm、9cm 或 11cm 的圆形滤纸。如果沉淀呈胶状，所占体积较大，则滤纸要大些，而且应用质松孔大的滤纸。沉淀粒度愈细，所需滤纸应愈致密。漏斗一般选长颈(颈长 15～20cm）的。漏斗锥体角度应为 60°。颈的直径要小些(通常是 3～5mm)，以便在颈内容易保留液柱，这样才能因液柱的重力而产生抽滤作用，过滤才能迅速(图 2-14)。在整个过滤过程中，漏斗颈内能否保持液柱，这不仅与漏斗选择有关，还与滤纸的折叠、滤纸是否贴紧在漏斗的内壁上，漏斗内壁是否洗净，过滤操作是否正确等因素有关。

图 2-13　倾析法

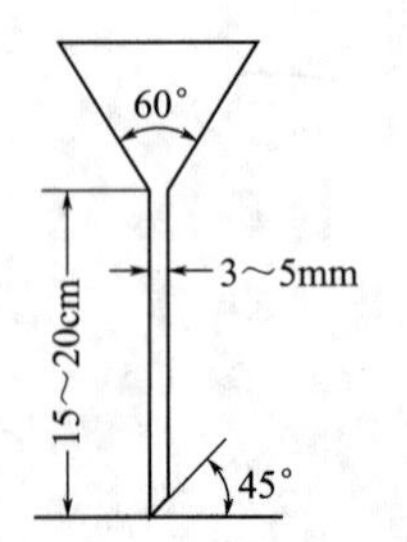

图 2-14　长颈漏斗尺寸

b. 滤纸的折叠　过滤时，手要洗净擦干。然后把选好的圆形滤纸折叠成圆锥体后放入漏斗中(图 2-15)，此时，滤纸圆锥体上边缘应低于漏斗边缘 1cm 左右，滤纸圆锥体的上缘

大部分应与漏斗内壁密合，而滤纸圆锥顶部的极小部分与漏斗内壁形成隙缝。如果漏斗圆锥角为 60°，则滤纸圆锥体角度应稍大于 60°(约大 2°～3°)。为此，先把滤纸整齐地对折成半圆形［图 2-15(b)］，然后再对折，但不要把半圆的两角对齐而向外错开一点［图 2-15(c)］。这样打开所形成的圆锥体的顶角就稍大于 60°。为了保证滤纸与漏斗的密合，第二次对折时不要折死。把滤纸打开成圆锥体，放入漏斗(此时漏斗应干净而且干燥)，如果滤纸的圆锥体绝大部分与漏斗内壁不十分密合；可以稍稍改变滤纸的第二次折叠程度，直到与漏斗内壁密合为止；此时可以把第二次的折边折死，并由漏斗中取出。这个滤纸的圆锥体［图 2-15(d)］，一边为三层，另一边为一层。然后把三层一方的外两层折角撕下一小块，这样可使这个地方的内层滤纸更好地贴在漏斗上，否则此处会有空隙(撕下来的纸角保持在干净的表面皿上，必要时有用)。把正确折叠好的滤纸圆锥体放入漏斗。放入时要注意，滤纸锥体的三层应放在漏斗出口短的一边，并使滤纸锥体与漏斗内壁密合，这时一手的食指和拇指按住滤纸锥体三层一边和漏斗［图 2-15(e)］，不可松开，另一手拿洗瓶用细水流把滤纸湿润。然后用玻璃棒轻压滤纸锥体上部(绝大部分)，使滤纸紧贴在内壁上，再往滤纸锥体内的三层一边加入蒸馏水至几乎达到滤纸边(不得超过!)。随水下流时的漏斗颈应全部被水充满，而漏斗颈内的水柱仍能保留［图 2-15(f)］。若不能充满，则可能是漏斗颈太大，滤纸与漏斗内壁还有气泡没有完全排除；或漏斗内壁，特别是颈内壁没有洗净或滤纸与漏斗没有密合等因素造成的，应设法加以解决，在全部过滤过程中，漏斗颈必须一直被液体所充满，过滤才能迅速。

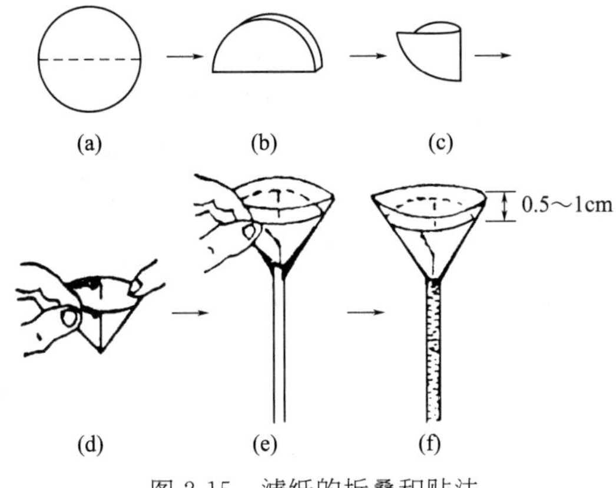

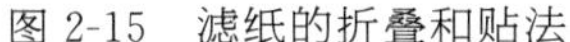
图 2-15　滤纸的折叠和贴法

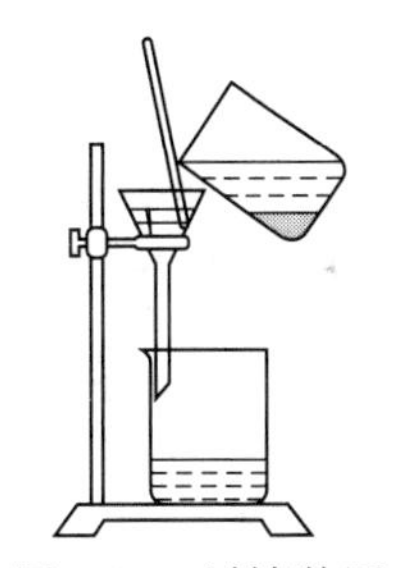
图 2-16　过滤装置

c. 过滤装置　将紧贴好滤纸的滤斗放在漏斗架孔或铁架台的铁圈中，滤纸的三层一边向外。漏斗下放一承接滤液的干净烧杯(或其他容器)，漏斗出口长的一边紧靠杯壁(但不要靠在杯嘴附近)，以便滤液顺着器壁流下，不至四溅。漏斗位置的高低，以过滤过程中漏斗颈的出口不接触滤液为度(图 2-16)，烧杯上盖一表面皿。在同时进行几个平行分析时，应把装有待滤沉淀的溶液的烧杯进行标号，并分别放在相应的漏斗之前，以免相混。

d. 过滤　过滤一般分三个阶段，即先转移澄清溶液，后转移沉淀，最后洗涤烧杯和玻璃棒。要注意，过滤和洗涤一定要一次完成。

转移澄清液用倾析法。为了倾注澄清溶液时尽可能不搅动沉淀，最好把沉淀的烧杯一头用木板垫起，倾斜静置，注意烧杯嘴应向下［亦即将烧杯嘴相对一边杯底垫高，如图 2-17(a)］。待溶液与沉淀分清以后，用右手轻轻拿起烧杯，勿使沉淀搅动，将烧杯移到漏斗上使烧杯嘴正在漏斗中心上方。倾斜烧杯，同时用左手从烧杯中轻轻提起玻璃棒(在加沉淀剂溶液时用以搅拌以后，除过滤转移溶液时，可移至滤斗口上方外，其余时间一直留在烧杯中)，并将玻璃棒下端的液体接触烧杯内壁，以便悬在玻璃棒下端的溶液流回烧杯中[图 2-17(b)]。将玻璃棒与烧杯嘴贴紧，并使玻璃棒垂直直立，下端对着滤纸三层一边，不要直立在滤纸锥体的中心或一层处，并尽可能接近，但不能接触滤纸[图 2-17(c)]。用洁净的烧杯承接滤液(即使滤液不需要也这样要求)。然后，慢慢倾斜烧杯勿使杯底沉淀搅起，使上层清液沿玻璃棒流入漏斗。当烧杯里留下的液体很少而不易流出时，可以稍向左倾斜玻璃棒，使烧杯倾斜度更大些，液体则比较容易流出。注意液体只能加到距滤纸边缘 5mm 处，再多则会使沉淀"爬" 到漏斗上去。应控制清液的流出速度，使上层清液的倾注过程一次完成，尽量避免在装漏斗时，中断倾注而等待过滤。在每次倾注完了时或在必要中断倾注时，必须先扶正烧杯(在扶正烧杯的过程中，不要拿开玻璃棒)，随烧杯向下直立可慢慢把烧杯嘴贴着玻璃棒向上提一些，等玻璃棒和烧杯由相互垂直变为平行时，将玻璃棒离开烧杯嘴而迅速移入烧杯。这样才能避免留在棒端及烧杯嘴上的液体落在漏斗外。把烧杯放在桌上，此时玻璃棒不要靠在烧杯嘴处，因为此处可能沾有少量沉淀。

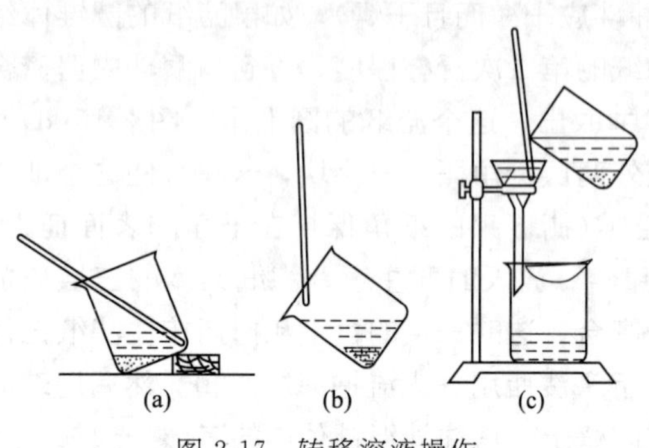

图 2-17　转移溶液操作

e. 沉淀的洗涤　如果需要洗涤沉淀，则等清液转移完毕后，往盛着沉淀的烧杯中加入少量的洗涤剂(洗涤剂可以是水或沉淀溶液等)，洗涤剂应沿烧杯内壁四周加入，以便将杯壁上沉淀洗下，充分搅拌混合(玻璃棒只能搅动沉淀和溶液，不可触动杯壁和杯底，以免将烧杯内壁磨出痕来，沉淀沉积痕里，造成沉淀洗涤困难，使沉淀难以全部转移出来)，静置，待沉淀下沉后，把澄清洗涤液按上法转移入漏斗，如此重复操作 2～3 遍。最后，用 1 支试管承接最后一次洗涤的滤液的 1mL，用来检查滤液中的杂质含量，就可判断沉淀是否洗净。注意，洗涤液体积过大，会造成溶解误差，还会影响滤液蒸发浓缩的时间。

f. 转移沉淀　转移沉淀时，往盛有沉淀的烧杯中加入少量洗涤剂(沿杯壁四周加入)，加入洗涤剂的量(包括沉淀的量) 应该比滤纸锥体一次所能容纳的体积稍少些，搅拌混合液(勿使沉淀溅在器壁上)，不待沉淀下沉，按转移清液的同样方式将沉淀与洗涤剂的混合液转移入漏斗，注意最后一滴混合液，慎勿流到烧杯外壁或顺玻璃棒下端落在漏斗外边。再次往烧杯加入另一份洗涤剂，再将溶液及沉淀搅拌混合，再按上法转移，如此重复操作 2～3 遍。最后一次转移以后如仍有沉淀未转移完全，特别是杯壁和玻璃棒上粘有沉淀。此时还需从塑料洗瓶中挤出少量的蒸馏水顺序淋洗整个烧杯内壁，洗涤液和沉淀便顺玻璃棒流入漏斗(图 2-18)。注意挤出的洗涤剂的液流要细，量不要过多，切勿使洗涤液超过滤纸边缘。

最后再用少量的蒸馏水淋洗烧杯和玻璃棒，洗涤的水也要转入漏斗中。这样转移到滤纸上的沉淀，如已经几次倾注洗涤，则基本上是清洁的，不会含有很多母液，不过滤纸上的沉淀中必定还吸附着母液，还要用少量蒸馏水仔细淋洗滤纸上沉淀多次，每次淋洗滤纸边缘稍下部的地方，滤纸锥体的三层的一边，不易洗涤充分，因此在这个地方多洗两次。洗涤时，要等第一次的洗涤液流尽以后，再进行第二次的洗涤。如此继续直到沉淀上层平齐为止(图 2-19)。注意用水量不能过多。洗涤水也必须全部滤入接收滤液的容器中。

图 2-18　沉淀洗出

图 2-19　沉淀在漏斗中的洗涤

如需要过滤的混合液中含有能与滤纸作用的物质(如有些浓的强碱、强酸或强氧化性的溶液)，因为它们会破坏滤纸，这时可用纯净的石棉或玻璃丝在漏斗中铺成薄层代替滤纸过滤。

② 减压过滤　减压过滤简称抽滤。减压可以加速过滤，还可以把沉淀抽吸得比较干燥。但是胶态沉淀在过滤速度很快时会透过滤纸，颗粒很细的沉淀会因减压抽吸而在滤纸上形成一层密实的沉淀，使溶液不易透过，反而达不到加速的目的，故不宜用减压过滤法。

减压过滤装置由布氏漏斗、吸滤瓶、安全瓶、玻璃抽气管与真空泵(抽滤泵) 组成(图 2-20)。

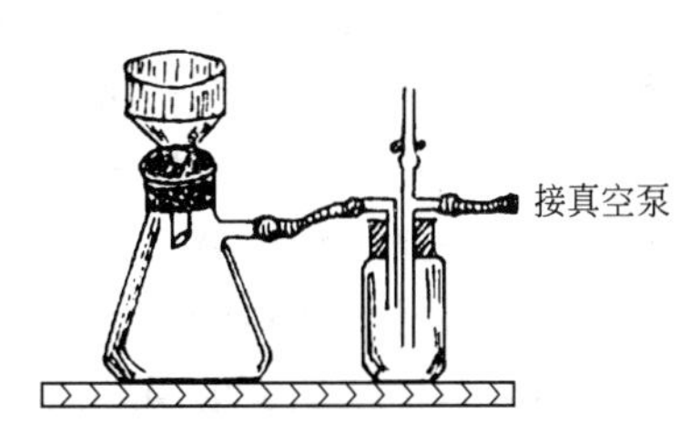

图 2-20　减压过滤装置

抽滤的原理是利用真空泵将空气抽出，使与玻璃抽气管相连的安全瓶和吸滤瓶内压力减小，因而过滤的速度大大加快。安全瓶可以防止因关闭水循环真空泵引起泵内自来水倒吸，进入吸滤瓶内将滤液沾污并冲稀。也正因为如此，在停止过滤时，应首先从吸滤瓶上拔掉连接的橡皮管，或打开安全瓶安全阀(止水夹)，然后再关闭真空泵，以防止倒吸。

减压过滤操作时，将尺寸配套的圆形滤纸放入布氏漏斗中的瓷板上，用少量水湿润滤纸，关闭安全瓶安全阀(止水夹)，打开真空泵，稍微抽气减压使滤纸紧贴在布氏漏斗瓷板上。使溶液沿着玻璃棒转移入布氏漏斗中，注意加入的溶液不要超过布氏漏斗总体积的2/3。待溶液全部转入布氏漏斗内后，再把沉淀转移到滤纸的中间部分(不要把沉淀转移在滤纸边缘，否则会使取下滤纸和沉淀的操作较为困难)，其他操作与常压过滤相同。过滤完毕后，先打开安全瓶安全阀(或拔掉连接吸滤瓶的橡皮管)，后关闭真空泵。用手指或玻璃棒轻轻揭起滤纸边，取下滤纸和沉淀。瓶内的滤液则由吸滤瓶的上口倒出，瓶的侧口只作连接减压装置用，不要从其中倒出滤液，以免弄脏溶液。

洗涤沉淀的方法与常压过滤中的洗涤沉淀方法相同，但不要使洗涤液过滤得太快 [可适当地通过安全瓶安全阀(止水夹) 调节压力]，以免沉淀不能洗净。

如果被过滤的溶液具有强碱、强酸或强氧化性，溶液会和滤纸作用而把滤纸破坏，这时就需要在布氏漏斗上铺上石棉纤维来代替滤纸过滤。待石棉纤维在水中浸泡一段时间后，把石棉和水搅匀制成石棉纤维的悬浊液，倾入布氏漏斗内，倒入的量以恰好能形成厚薄合适的过滤层为宜。稍待片刻，使粗纤维自动下沉，然后开始轻轻抽气减压，使石棉纤维紧贴在漏斗瓷板上。铺完后，如果发现上面仍有小孔，则要在小孔上补加一些石棉纤维悬浊液，再抽气减压，直到没有小孔为止。应该尽量使石棉纤维铺成均匀、厚薄合适的过滤层。然后在抽气下，用水冲洗，直到滤出液不带有石棉毛为止。停止抽气时，应该先拔掉吸滤瓶与安全瓶间的橡皮管，以免冲坏滤层。使用石棉纤维与使用滤纸的操作方法完全相同。过滤后，沉淀往往和石棉纤维粘在一起，取下的沉淀中将会夹杂有较多的石棉纤维，所以此法比较适用于过滤后所要的是溶液，而沉淀被废弃的情况。

为了避免沉淀被石棉纤维沾污，可用玻璃砂芯漏斗来过滤具有强氧化性或强酸性的物质。过滤作用是通过熔接在漏斗中部具有微孔的烧结玻璃片进行的，故玻璃砂芯漏斗也称烧结玻璃漏斗。各种烧结玻璃片的孔隙大小不同，其规格以 1 号、2 号、3 号、4 号表示，1 号玻璃砂芯漏斗的孔隙最大而 4 号最小，可以根据沉淀颗粒大小的不同来选用。玻璃砂芯漏斗不能用于碱性溶液的过滤，因为碱会与玻璃作用使烧结玻璃片的微孔堵塞。

玻璃砂芯漏斗使用后要用水洗去可溶物，然后在 6mol/L 硝酸溶液中浸泡一段时间，再用水洗净。不要用硫酸、盐酸或洗液去洗涤玻璃砂芯漏斗，否则，可能生成不溶性的硫酸盐和氯化物，而把烧结玻璃片的微孔堵塞。

(3) 离心分离　当被分离的溶液和沉淀的混合物的量很少，在过滤时沉淀会粘在滤纸上而难以取下，这时可以用离心分离代替过滤，操作简单而迅速。离心分离常用电动离心机(图 2-21)。把盛有被分离的溶液和沉淀的离心管放入离心机中的套管内，在其对面套管内放入一盛有与其等重量的水的离心试管，这样可使离心机的臂保持平衡。然后缓慢而均匀地启动离心机，再逐渐加速，待离心机旋转一段时间(称离心沉降时间）后，任离心机自然停止旋转。待离心机完全停止转动后，取出离心管(要小心！切勿触动沉淀)，观察被分离的溶液和沉淀是否分离，如已分离开，则沉淀紧密聚集在离心管底部而澄清溶液在上部。否则，要再把离心管放入离心机中，进行二次离心分离，直至溶液和沉淀完全分离为止。

离心分离完毕后，取出离心管，再取一支长颈的滴管，先捏紧其橡皮头，然后小心地插入离心管中的溶液层，插入的深度以滴管尖端不接触沉淀为度(图 2-22)。然后慢慢放松捏紧的橡皮头，吸出溶液装入另一离心管中，留下沉淀。

如需洗涤沉淀，可往沉淀中加入少量洗涤剂，把沉淀与洗涤剂充分搅匀后，再进行离心分离，然后吸出溶液。重复操作 2～3 遍即可。

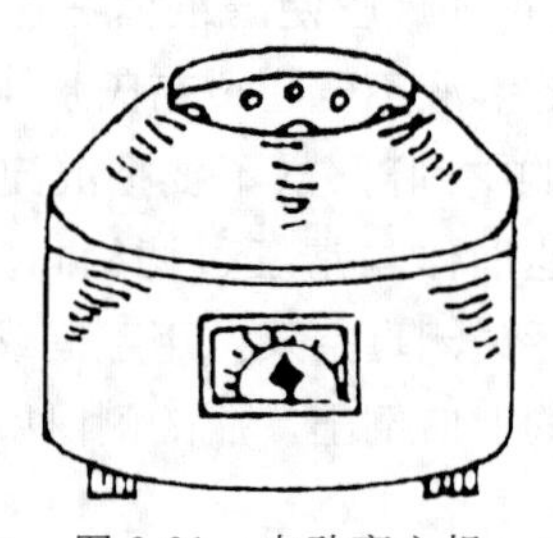

图 2-21　电动离心机

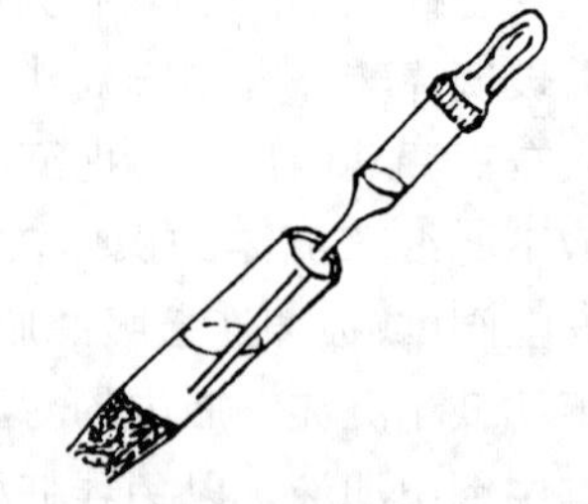

图 2-22　用滴管移去沉淀上的溶液

离心分离操作应注意如下几点：

① 装入离心管中的溶液不能超过离心管总体积的 2/3，离心管和套管的长度和管径应相符合，离心管太长、太大或太小，在离心时易受撞破裂，溶液四溅，沾污和损坏离心机。

② 装入离心机中套管内的离心管必须对称等重，否则离心机会失去平衡而损坏。

③ 如果使用电动离心机，启动离心机时，要逐挡地加速(开一挡后，要稍等片刻，才能开高一挡)；停止离心机时，要逐挡减速，当调至“0”挡时，还要稍等一下，听离心机内不

发出响声时，方可打开离心机盖，取出离心管。电动离心机的转速很快，使用时要特别注意安全。要严防漏电，使用前要检查。用完后要切断电源。

④ 要经常保持离心机的清洁干燥。

2.6.2　沉淀的烘干和灼烧

（1）坩埚的准备　沉淀的烘干和灼烧是在洁净并预先经过灼烧恒重的坩埚中进行的。因此，先洗净坩埚并晾干，然后将空坩埚(连坩埚盖）放入马弗炉(高温电炉）内灼烧至恒重。灼烧空坩埚的温度和时间应与灼烧沉淀的温度和时间相同，而灼烧沉淀的温度和时间是根据沉淀的特性而定。空坩埚一般灼烧 15～30min。空坩埚灼烧后，用经过预热的坩埚钳将坩埚移至炉口旁边冷却片刻。再取出坩埚，放在洁净干燥的泥三角(或耐火板）上(用完的坩埚钳应平放在耐火板上，钳尖向上），稍冷后(红热退去，再冷却 1min 左右），用坩埚钳夹取坩埚放入干燥器内冷却(操作见 2.7），一般冷却 30～60min，待冷却至与天平室内温度相同时进行称量，准确地记录所称得的坩埚的重量，再次将坩埚放入马弗炉内按相同条件进行再灼烧、冷却、再称量，直至恒重(如连续两次称重相差在 0.3mg 以下，则可忽略，才算达恒重）为止。恒重后的坩埚放在干燥器中备用。

（2）沉淀的包裹　经过过滤和洗涤后的沉淀，若是晶形沉淀(一般体积小）可用顶端细而光滑的清洁玻璃棒将滤纸的三层部分掀起(图 2-23)，紧接着用洗净的手将带沉淀的滤纸锥体一起取出，注意手指不要碰着沉淀，然后用图 2-24 所示的折叠包裹方法顺序进行包裹，要包裹得紧些，但不要用手指压沉淀，最后将包裹好沉淀的滤纸放入已恒重的坩埚中，滤纸层数较多的一面朝上，以便炭化和灰化。

图 2-23　从漏斗上取下滤纸和沉淀

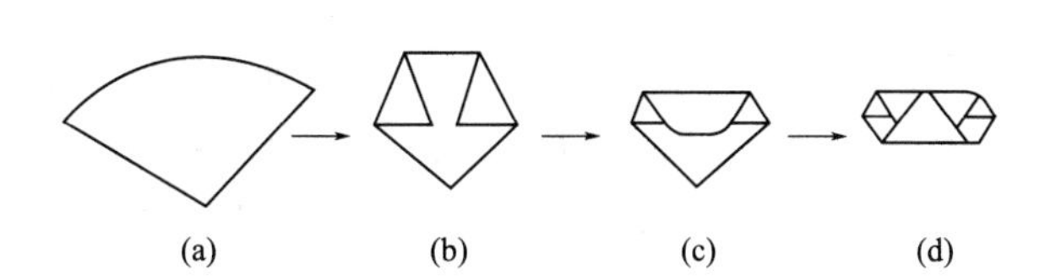

图 2-24　过滤后晶形沉淀的包裹

若沉淀是胶状(体积一般较大），不宜按上述包裹方法，应在漏斗中进行包裹(图 2-25)。方法是：用洗净的扁头玻璃棒将锥体滤纸四周边缘向中央折叠，使沉淀全部封住。再用玻璃棒把它转移到已恒重的坩埚中，锥体的尖头朝上。

（3）沉淀的烘干、灼烧及恒重

① 沉淀的烘干、滤纸的炭化和灰化　将带有沉淀的坩埚斜放在泥三角上[图 2-26(a)]，而坩埚底应放在泥三角的一边上，将坩埚口对着泥三角的顶角，贴有沉淀坩埚壁一侧朝坩埚盖半盖半掩地倚在坩埚口 [图 2-26(b)]，这样便于利用反射焰将滤纸和沉淀干燥、滤纸的炭化和灰化。先将火焰放在坩埚盖中心之下，小心用火

图 2-25　胶状沉淀的包裹

加热坩埚盖后，热空气流便反射到坩埚内部，而水蒸气从上面逸出。待沉淀及滤纸干燥以后，将火焰移至坩埚底部，稍稍增大火焰使滤纸炭化。注意火力不能突然加大，也不要太小，应使火焰尖端刚刚接触坩埚底部。炭化时不能让滤纸着火，如果滤纸着火，应立刻把灯移开，并用坩埚盖把坩埚口盖严，使火焰自动熄灭，切不可吹灭，以免沉淀飞扬散失。坩埚盖盖好以后稍等片刻，再打开盖，继续加热，直至全部灰化为止。在灰化过程中，为了使坩埚壁上的炭完全灰化，应该随时用坩埚钳夹住坩埚转动之，但注意每次只能转一极小的角度，以免转动过剧时，沉淀飞扬散失。

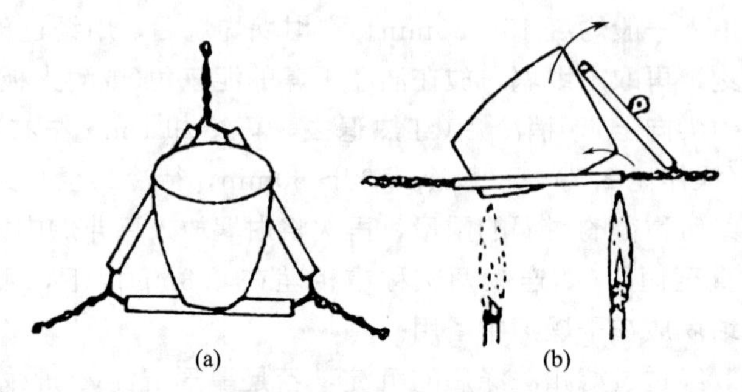

图 2-26　沉淀的烘干

② 沉淀的灼烧及恒重　滤纸全部灰化后，立即将带有沉淀的坩埚移入马弗炉内，沉淀在与灼烧空坩埚相同的条件下进行灼烧。灼烧完全后，先关闭电源，然后打开炉门，用长坩埚钳(要先预热）将坩埚移到炉口旁边冷却片刻，再移到干燥洁净的泥三角(或耐火板）上，冷却至红热消退，再冷却 1min 左右，将它移入干燥器中继续冷却(一般冷却 30～60min)，待它与天平室温度相同时，称量；再次灼烧、冷却，再称量，直至恒重为止。带沉淀的坩埚，在连续两次称量误差在 0.3mg 以下才算达到了恒重。

2.7　固体的干燥

固体物质在进行定量分析之前必须使它完全干燥。否则会影响结果的准确性。

如果分离出来的沉淀要干燥，可把沉淀放在表面皿内，在恒温干燥箱中烘干。也可把沉淀放在表面皿或蒸发皿内，用水浴的水蒸气加热，以便把沉淀烤干。

已干燥但又易吸水或需长时间保持干燥的固体，应放在干燥器内。在干燥器内，底部装有干燥剂(常用的有无水氯化钙、硅胶或浓硫酸等)，中部有一个可取出的、带有若干孔洞的圆形瓷板，以承接装有待干燥固体的容器(图 2-27)。干燥器口上和盖子都带有磨口，磨口上涂有一层很薄的凡士林，这样可以使盖子盖得很严，以防止外界的水蒸气进入干燥器。

操作时，以一只手轻轻扶住干燥器，另一只手沿水平方向移盖子，以便干燥器的盖子打开(图 2-28)。盖子打开后，要把它翻过来放稳在桌上(不要使涂有凡士林的磨口边触及桌面)。放入或取出物体后，需立即将盖子盖好，盖盖子时，两只手的手势和动作相反，也应把盖子沿水平方面推移，使盖子的磨边与干燥器口吻合，并使涂有凡士林的接触面透明无丝纹为止。

搬动干燥器时，必须用两手的大拇指和食指将盖子和干燥器边按住拿稳(图 2-29)，以防盖子滑落摔碎。

温度很高的物体必须冷却至略高于室温后，方可放入干燥器内。否则，器内空气受热膨胀，可能将盖子冲开，即使能盖好，也往往因器内空气冷却后，使器内气压降低至低于器外的空气压力，致使盖子很难打开。为避免上述情况发生，在将略高于室温的物体放入干燥器后，一定要在短时间内，把干燥器的盖子开一开，以使干燥器内的气压和外界气压相平衡。

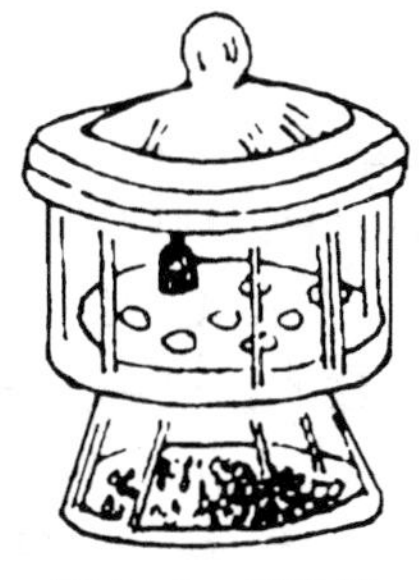

图 2-27　干燥器

图 2-28　打开干燥盖

图 2-29　拿干燥器

洗涤过的干燥器要吹干或风干，不可用加热或烘干的方法除去水汽。

存放过久的干燥器常会打不开盖，多因磨口处的凡士林凝固或室温低所致，遇到这种情况可用热毛巾或暖风吹化开启，不要用硬物撬启，以免炸裂，伤害人体。

使用干燥器时应注意保持清洁。在物品取出或放入干燥器后，应立即将盖盖好。干燥剂失效后，要及时处理或更换。

2.8　密度计的使用

密度计是用来测定液体的密度的仪器(图 2-30)。一般密度计可分两类，用于测量密度大于 1g/mL 的液体的密度计叫重表；用于测量密度小于 1g/mL 的液体的密度计叫轻表。

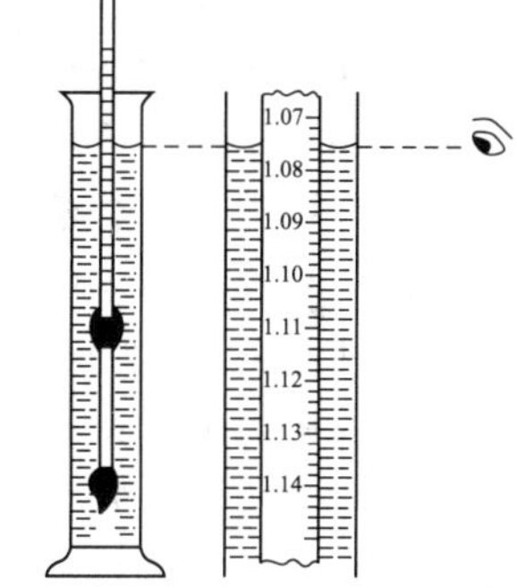

图 2-30　液体密度的测定

测定密度时，在大量筒(要预先洗净，并用冷风吹干) 中注入待测密度的液体，将洁净干燥的密度计慢慢地放入液体中，此时应用手拿住密度计，让其不与量筒接触，若加入待测液体还不能使密度计浮起，需继续加入液体直到密度计浮起，密度计完全稳定在液体中为止，然后方能放开手，读出液体的密度，读数时密度计不能与量筒接触，视线要与弯月面的最低点相切。

测量完毕后，用水将密度计冲洗干净，并用布擦干或滤纸吸干，放回密度计盒中。

一般密度计有两行刻度，其中一行是相对密度(ρ)，另一行是波美度(B_h 和 B_l,°Bé)，二者换算公式为

$$重表：\rho=\frac{145}{145-B_h}或 B_h=145-\frac{145}{\rho}$$

$$轻表：\rho=\frac{145}{14+B_l}或 B_l=\frac{145}{\rho}-145$$

相对密度是指在 20℃时的空气中，某物质与 4℃时同体积水的质量的比值，常用符号 d_{20}^{4} 来表示。值得注意的是，我国已不使用(或推荐不使用) 相对密度和波美度这两个物理量。

2.9　移液管和吸量管、容量瓶、滴定管的使用

2.9.1　移液管、吸量管的使用

当移液管［图 1-31(a)］吸入溶液的弯月面下缘的最低点与标线相切(液面弯月面下缘的

最低点、标线与视线均应在同一水平面上）后，让溶液自然放出，此时所放的溶液的体积即等于管上标出的体积。在任溶液自然放出时，最后因毛细作用总有一小部分溶液留在管下端不能落下，这时不必用外力使之放出，因在标定移液管的容量时，就没有把这一点溶液计算在内。

吸量管的分度一直刻到管口［图 1-31(b)］，使用这种吸量管时，必须把所有溶液放出(包括管下端微量溶液)，总体积才符合标示的数值。也有一种吸量管的分度只刻到距离管口尚差 1～2cm 处，使用这种吸量管时，当然只需将溶液放至液面落到最末的刻度时即可，不要吹出剩余溶液。用吸量管时，总是使液面由某一分度(通常为最高标线）落到另一分度，使两分度间的体积刚好等于所需体积。

移液管和吸量管在使用前应依次用洗液、自来水、蒸馏水洗至管内外壁不挂水珠呈透明状态。洗涤方法：在通常情况下，先用试管毛刷蘸取肥皂液或洗衣粉液，刷洗移液管和吸量管的外壁，再用自来水将肥皂液冲洗净，让管的外壁上的水流尽后，用右手的拇指及中指拿住移液管或吸量管的上管颈标线以上部位，使管下端伸入洗液中(以管口不触及容器底部为度)。左手握住压扁的洗耳球，其出口与移液管或吸量管管上端相对紧靠在一起(不可漏气)，然后逐渐放松洗耳球，将洗液慢慢吸入至接近管口时，移开洗耳球，同时迅速用右手食指按住管口(食指只能微潮，但不要湿，以免按不住管口)，稍等片刻，放开右手食指，使移液管或吸量管管口离开液面，洗液流入原瓶中，洗液流尽后，取出，将管倒过来，使管上端末浸过的部分浸入洗液中，浸泡片刻后，取出液面，再让洗液放回原瓶中，待洗液流尽后，取出用自来水冲洗内外壁，直到洗净为止。如果移液管和吸量管被污染较严重，需要比较长时间浸泡在洗液中，应在一高标本缸或大量筒的内底上放一层玻璃丝，先加入洗液至缸或量筒容量的 2/3 左右，将移液管和吸量管直立其中(慢慢放入到底才能松手)，然后装满洗液，浸泡 15min 至数小时(浸泡时时间依其污染程度决定，但不要在其中浸泡时间过长）后，取出，用自来水冲洗干净。再用蒸馏水淌洗时，在烧杯中加入蒸馏水，将移液管或吸量管下端伸入蒸馏水中，用洗耳球将蒸馏水吸入(吸法同前)，直到水已进入移液管球大约五分之一处，吸量管则以充满全部体积的五分之一时，迅速用右手食指按住管口，取出后，把管横过来(防止水往两头出)，左右两手的大拇指及食指分别拿住移液管或吸量管上下两端，使管一边向上口倾斜，旋转而使水布满全管，然后直立，将水放出。重复淌洗 2～3 次即可。用蒸馏水洗净后，将管直立让蒸馏水从管下端全部流出，还残留在管内和管下端外壁上的蒸馏水，用滤纸吸干，将洗净的移液管或吸量管放在移液管架上。注意防止距管口 3～4cm 一段管颈接触移液管架。

用移液管或吸量管移取溶液前，先将用蒸馏水洗净过的移液管或吸量管用少量被移取的溶液淌洗 2～3 次，以免被移取溶液的浓度发生改变。淌洗方法和溶液的用量与用蒸馏水淌洗方法基本一样。要注意的是，当移液管或吸量管伸入被移取的溶液中移取溶液时，管下端管颈不能伸入太多，以免管外壁粘有溶液过多，或带入杂质；也不应伸入太少，以免液面下降后吸空，或溶液吸入洗耳球中，一般要求管下端伸入液面约 2cm。当管尖伸入溶液中时，应迅速地用洗耳球缓缓地将溶液往上吸(溶液只准上吸，不准返回溶液中去)。同时，眼睛注视正在上升的液面的位置［图 2-31(a)］，移液管或吸量管的下端随液面的下降而下降，以免吸空。每吸取一次后，应使管内外壁上的溶液流尽，把留在管口的少量溶液吹出，才能再次吸取溶液。使用移液管移取溶液时，左手握住压扁的洗耳球，右手拇指及中指拿住移液管管颈无刻度处，使管下端伸入溶液面下约 2cm，用洗耳球缓缓吸入溶液，吸法同前。当溶液上升到标线以上时(不要超过刻度太多)，迅速用右手食指按住管口，右手三指拿住移液管并使其垂直，离开液面，使管微微转动，但食指仍然轻轻按住管口，这时液面缓缓下降，此时视线平视标线直到液面的弯月面下缘最低点与标线相切时，立即停止转动并按紧食指堵死管口，使液体不再流出。取出移液管移入准备接收溶液的容器中，使其出口尖端接触容器内壁，让接收容器倾斜而使移液管直立，抬起食指，使溶液自然地顺壁流下［图 2-31(b)］。待溶液全部流尽后，再等约 15s，取出移液管。留住移液管下尖端管口内的一滴溶液不可吹下。此时所放出的溶液的体积即等于管上所标示的体积。

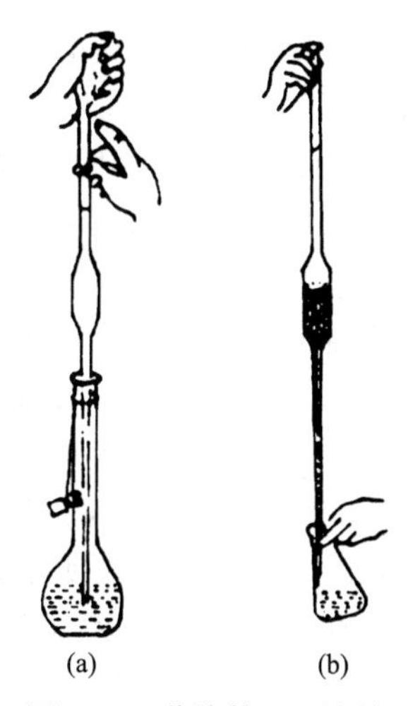

图 2-31　移液管吸取液体和放出液体

如果使用吸量管移取溶液，开始调节液面至最高刻度标线相切的操作与移液管相同，调好以后，放出溶液，至液面与所需的第二次读数的刻度标线相切时，停止转动并用食指用力按住管口。放溶液的方法也与移液管基本相同，只是食指一直要轻轻按住管口，以免溶液流下过快以至液面落到所需的分度标线时来不及按住。

在调节移液管和吸量管的液面时，也可以不用上述转动的方法，而是轻轻抬起食指(但不要完全离开)，使液面缓缓下落至所需的刻度标线。另外，根据个人习惯，上述操作也可以右手握洗耳球，左手拿移液管(仅适用于“左撇子”)。

移液管与吸量管用完后，应立即放在移液管架上，如短时期内不用它吸取同一溶液，应立即用自来水洗净，再用蒸馏水洗净，然后放在移液管架上。有时在管的两端套上玻璃管，以防灰尘侵入。

2.9.2　容量瓶的使用

容量瓶用于配制准确的一定体积的溶液。也用于浓标准溶液的稀释。在使用容量瓶之前，要选择好容量瓶：

① 与所要求配制的溶液体积相一致；

② 瓶塞与瓶口相符合，不漏水。

选好容量瓶后，首先仔细检查有无裂痕破损，然后进一步检查瓶口与瓶塞间是否漏水。检查瓶口与瓶塞间是否漏水，可在瓶中放入自来水到标线附近，将瓶塞塞好，左手拿住容量瓶瓶口并用食指按住塞子，右手指尖顶住瓶底边缘，倒立 2min 左右，观察瓶塞周围是否有水渗出，如果不漏，把瓶直立，转动瓶塞 180°后，再倒立过来试一次。这样做两次检查是必要的，因为有时瓶塞与瓶口不是在任何位置都是密合的。

容量瓶在使用前要充分洗涤干净，无论用什么方法洗，绝对不能用毛刷刷洗内壁。用洗液洗涤时，在容量瓶中倒入大约 10～20mL(注意瓶中应尽可能没有水)，塞子蘸点洗液，塞好瓶塞，翻转瓶子(拿法同前)，边转动边向瓶口倾斜，至洗液布满全部内壁，放置数分钟，将洗液由瓶口慢慢倒回原来装洗液的瓶中，倒出时，应该边倒边旋转，使洗液在流经瓶颈时，布满全颈。待洗液流尽后，用自来水充分冲洗容量瓶的内外壁和塞子，应遵守少量多次，每次充分振荡以及每次尽量流尽残余的水的洗涤原则，向外倒水时，顺便将瓶塞冲洗。用自来水冲洗后，再用蒸馏水洗 3 次(洗涤方法同前)，可根据容量瓶大小决定蒸馏水的用量，一般是每次蒸馏水的用水量约为容量瓶的容积的十分之一。洗涤时，盖好瓶塞，充分振荡，洗完后立即将瓶塞塞好，以免灰尘落入或瓶塞被污染。

用容量瓶配制溶液时，如果是由固体配制准确浓度的溶液(或称标准溶液)，一般是将固体物质置于大小适当的干净烧杯中，往其中加入少量的蒸馏水或适当溶剂使之完全溶解。溶解过程不论放热或吸热，都需待溶液至室温时，才能定量地将溶液转入容量瓶中［图 2-32(a)］。转移时，要把溶液顺玻璃棒加入，玻璃棒下端要靠住瓶颈内壁，使溶液顺内壁流入瓶中。注意玻璃棒下端的位置最好在标线稍低一点的地方，不要高到接近瓶口，玻璃棒稍向瓶中心倾斜，烧杯嘴应靠近瓶口并紧靠玻璃棒，使溶液完全顺玻璃棒流入瓶内，待溶液全部流尽后，将烧杯轻轻向上提(烧杯口仍应紧靠玻璃棒)，同时直立，使附着在玻璃棒与烧杯口之间的一滴溶液流入烧杯中或容量瓶内，然后先把玻璃棒放入烧杯中，才能把烧杯拿开放在桌上，用洗瓶吹水洗涤烧杯内壁和玻璃棒接触到溶液的部分 3 次，每次用水应尽量少些为宜，每次洗涤的水溶液应无损地转入容量瓶中。然后慢慢加蒸馏水至接近标线稍低 1cm 左右，等 1～2min，使黏附在瓶颈内壁的水流下后，再用细而长的滴管加蒸馏水恰至标线，这一过程称定容。用滴管加水时，视线要平视标线，然后将滴管伸入瓶颈使管口尽量接近液面，稍向旁倾斜，使水顺壁流下，注意液面上升，滴管应随时提起，勿使溶液接触滴管，直到弯月面下缘最低点与标线相切为止。定容以后，塞好瓶塞。左手拇指在前，中指、无名指及小指在后拿住瓶颈标线以上部分，右手托住瓶底［图 2-32(b)］。如果容积小于 100mL 的容量瓶，就不必用右手托住容量瓶瓶底，以免由此造成的温度变化对小体积产生较大的影响。将容量瓶倒转，使气泡上升到顶，再充分振荡，如此反复 3～5 次，即可摇匀。

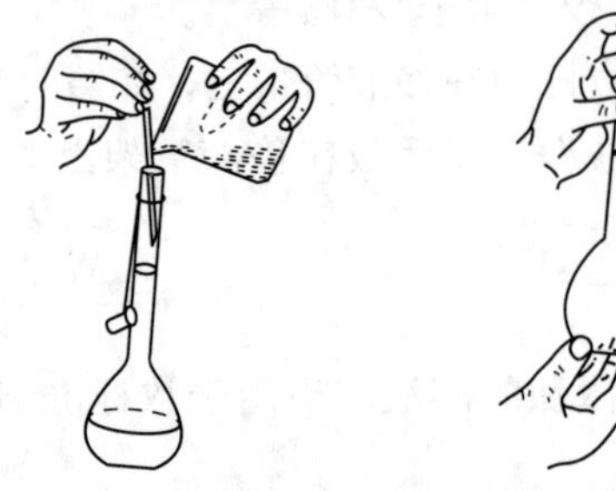

(a) 溶液从烧杯转入容量瓶　　(b) 容量瓶的拿法

图 2-32　容量瓶及其使用方法

如果由浓的标准溶液稀释，则用移液管或吸量管吸取一定体积的标准溶液，放入容量瓶中，然后加蒸馏水定容(操作方法同前)，即成稀的标准溶液。

不要在容量瓶内长期存放溶液。如溶液准备使用较长时间，应将溶液转入试剂瓶中保存。试剂瓶应预先用该溶液淌洗 2～3 次。容量瓶用完后要及时洗净，检查瓶塞与瓶号相符时，在瓶塞与瓶口之间衬以纸条后保存。

2.9.3　滴定管的使用

滴定管主要用于容量分析，它能准确读取试液用量，操作比较方便。熟练掌握滴定管的操作方法是容量分析的基本功之一。现将滴定管的使用方法叙述如下：

(1) 滴定管洗涤　在洗涤前，应检查酸式滴定管的玻璃旋塞与塞槽是否符合，旋塞转动是否灵活。碱式滴定管的下端连接一段橡皮管的粗细、长度是否适当，橡皮管的内管径应稍小于玻璃珠的直径，玻璃珠应圆滑，橡皮管应有弹性，否则难以紧固玻璃珠，操作时易上下移动而影响滴定。滴定管在用前必须仔细洗涤，当没有明显污物时，可以直接用自来水冲洗，或用滴定管刷蘸肥皂水刷洗(注意滴定管刷的刷毛必须相当软，刷头的铁丝不能露出，也不能向旁边弯曲，以免刷伤内壁)，然后再用自来水洗去肥皂水。洗刷后的滴定管，应将其直立，使水流尽，若滴定管的内壁透明并不附着液滴，表示已洗净。洗净后，滴定管用蒸馏水淌洗三次，第一次用蒸馏水 10mL，第二次及第三次各用蒸馏水 5mL。每次加入蒸馏水后，边转边向管口倾斜使蒸馏水布满全管，并稍振荡，将管直立，使水流尽。

用肥皂洗刷不干净时，可用洗液洗涤。用洗液洗涤酸式滴定管时，洗涤前，旋塞必须先关闭，倒入洗液 5～10mL，一手拿住滴定管上端无刻度部分，一手拿住旋塞上部无刻度部分边转边向管上端倾斜，使洗液布满全管。立起后打开旋塞使洗液从出口处放回原来洗液瓶中，在内壁相当脏时，需要洗液充满滴定管(包括旋塞下部出口管)，浸数分钟以至数小时(根据滴定管沾污的程度)。如果用洗液洗碱式滴定管时，可以去掉其尖嘴把滴定管倒立浸在装有洗液约 100mL 的烧杯中或直接倒立浸在原装有洗液约 100mL 以上的洗液瓶中，滴定管下端的胶皮管(现在向上) 连接抽气泵，稍微打开抽气泵，把洗液吸上，直到充满全管，用弹簧夹夹住胶皮管(不用抽气泵吸气，可改用橡皮球或洗耳球吸气)。如此放置数分钟至数小时(根据滴定管沾污的程度) 后，打开弹簧夹，放出洗液，碱式滴定管下端尖嘴单独用洗液浸洗(注意：洗液应倒回原装瓶中)，取出滴定管先用自来水充分冲洗滴定管内外壁，以洗去洗液。为了使碱式滴定管下端橡皮管内玻璃珠充分洗净，从尖嘴放水时，用拇指与食指用力捏橡皮管及玻璃珠四周，并且随放随转，使残余的洗液全部冲洗下。滴定管装满水再放出时，内壁全部为一层薄水膜湿润而不挂水珠即可。这个标准应在用自来水冲洗时就达到。滴定管外壁亦应清洁。

在用自来水洗涤后，应检查滴定管是否漏水。检查酸式滴定管时，把玻璃旋塞关闭，用水充满至"0" 刻度线以上，直立约 2min，仔细观察有无水滴滴下，有无水由旋塞隙缝渗出。然后将旋塞旋转 180°，再如此直立 1～2min 后观察有无水滴滴下或从旋塞隙缝渗出。如果检查碱式滴定管，只需装水直立 2min 即可。

如果发现漏水或酸式滴定管旋塞转动不灵时，把酸式滴定管取下将旋塞涂油，碱式滴定管则需换玻璃珠或橡皮管。旋塞涂油时，把滴定管平放在桌面上，先取下旋塞上的橡皮圈，再取下旋塞(拿在手上、放在干净的表面皿或滤纸上均可)，用滤纸把旋塞、旋塞套、旋塞槽内的水吸干，用手指蘸少量凡士林擦在旋塞两头，沿玻璃塞两端圆周各涂一薄层[图 2-33(a)]，但要避免涂得太多，尤其是在孔的近旁，油层要均匀涂满整圈，要尽可能薄些。涂完以后将旋塞一直插入塞套中(不要转着插)，插旋塞时孔应与滴定管孔平行。然后向一个方向转动旋塞，直到内外面观察时全部都透明为止。如果发现旋转不灵活，或出现纹路，表示涂油太多。遇到这些情况，都必须重新涂油。除上述方法外，也可以只在旋塞大头涂油，另用木签或用玻璃棒蘸少量油涂在旋塞套小口内部 [图 2-33(b)]，然后转动旋塞，直到旋塞处呈现透明为止，用小橡皮圈(由橡皮管剪下一小段) 套在旋塞小头的槽上或用橡皮圈将旋塞系在管槽上。注意在套橡皮圈时，应该将滴定管放在桌上，一手顶住旋塞大头，一手套橡皮圈或系橡皮圈，以免将旋塞顶出。然后再用前面所介绍的方法检查是否漏水。现在多采用聚四氟乙烯旋塞代替玻璃旋塞，由于聚四氟乙烯具有自润滑效果，所以无需涂油。

按前述方法用自来水冲洗干净以后，分别用蒸馏水和标准溶液各洗涤两到三次。用标准溶液淌洗时，第一次用 10mL，第二次及第三次各用 5mL。每次加入溶液后，也是边转边向管口倾斜使溶液布满全管，直立以后，打开旋塞使溶液从管尖口放出。在放出时一定尽可能完全放净，然后再洗第二次。以此除去留在内壁及旋塞处的蒸馏水，以免加入管内的标准溶液被留在管壁上的蒸馏水冲稀。但要特别注意，在装入标准溶液之前应先将试剂瓶中的标准溶液摇匀，使凝结在试剂瓶内壁的水混入溶液中(这在天气比较热或室温变化较大时更有必要)，混匀后，溶液应从试剂瓶中直接倒进滴定管，而不要经过其他器皿(如烧杯、漏斗、滴管等)。一定要注意，不要使溶液从试剂瓶移到滴定管的时候，改变它的浓度。

（2）装标准溶液(或滴定用的溶液） 将标准溶液(或滴定用的溶液）装入滴定管时，要预先将试剂瓶中的标准溶液摇匀，使凝结在瓶内壁上的水混入溶液，混匀。用左手三指拿住滴定管上部无刻度处(如果拿住有刻度的地方，会因管子受热膨胀而造成误差)，滴定管可稍微倾斜以便接收溶液；小瓶可以手握瓶肚(瓶签向手心）拿起来慢慢倒入，大瓶则放在桌上，手拿瓶颈，使瓶慢慢倾斜。应使溶液慢慢顺内壁流入，直到溶液充满到“0”刻度以上为止，这时，滴定管的出口尖嘴内还没有充满溶液，为了使之完全充满，在使用酸式滴定管时，右手拿住滴定管上无刻度处，滴定管倾斜约10°～30°，左手迅速打开旋塞使溶液流出，从而充满全部出口尖嘴部分。这时出口管不能留有气泡或未充满部分，如有这种情况发生，再迅速打开旋塞使溶液冲出。如果这样的办法未能使溶液充满，就可能是由于出口管没有洗干净或涂凡士林沾染出口管。在使用碱式滴定管时，充满溶液后将滴定管用滴定管夹垂直地夹在铁架上，左手轻轻捏住玻璃珠附近的橡皮管，使橡皮管与玻璃珠间形成一条隙缝，使溶液冲出而充满出口管尖嘴部分。对光检查橡皮管管内及出口管内是否有未充满的地方或是否有气泡，如果有，则按下述方法赶去气泡，把橡皮管往上弯曲，出口斜向上。用两手挤压玻璃珠所在处，有溶液从出口管喷出，这时一边仍挤橡皮管，一边把橡皮管放直，一般说来，这种方法可以完全驱去气泡(图2-34)。然后将溶液调整至“0”刻度即可使用。

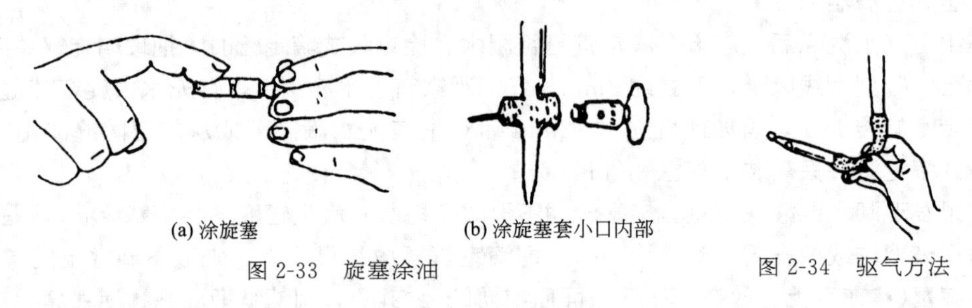

(a) 涂旋塞　(b) 涂旋塞套小口内部

图2-33　旋塞涂油

图2-34　驱气方法

（3）滴定管读数 读取滴定管容积刻度的数值，称为读数。正确地读数是减少容量分析实验误差的重要措施。读数时应遵守下列规则：

① 常用滴定管的容量为50mL。滴定管上端为“0”刻度，下端为“50”刻度，从“0”刻度至“50”刻度共分50个刻度，每一刻度为1mL。每一刻度又分为10个分度，每一分度为0.1mL。读数必须读取到小数点后第二位，要求估计到0.01mL。如11.45mL、20.01mL、0.12mL等。

② 装好溶液或放出溶液后，必须使附着在内壁上的溶液全流下来以后，方可读数。当放出溶液速度相当慢时(例如滴定到靠近化学计量点，溶液每次只加1滴时)，等0.5～1min方可读数。如果放出溶液速度比较快，或者是刚刚装入溶液时，必须等1～2min才能读数。

③ 对无色或浅色溶液应读液面的弯月面下缘的最低点［图2-35(a)］；溶液颜色太深、实在不能观察弯月面下缘时，可以读液面的弯月两侧最高点［图2-35(b)］。滴定开始前，滴定管内液面的弯月面下缘最低点或弯月面两侧的最高点所处的刻度数称为初读数(初读数最好调至“0”刻度处)，滴定达到终点时，管内液面的弯月面下缘最低点或弯月面两侧最高点所处的刻度数，称为终读数。初读与终读应同一标准。

④ 为了协助读数，可在滴定管后衬一读数卡。读数卡可用一张黑纸或涂有一黑长方形(约3cm×1.5cm）的纸卡。读数时，手持读数卡放在滴定刻度的背面，使黑色部分在弯月面下约1mm左右，即看到弯月面反射成为黑色［图2-35(d)］，读取黑色弯月面下缘的最低点。溶液颜色深而须读两侧最高点，就可以用白纸卡作为读数卡。若为全刻度滴定管，则以每周刻度线

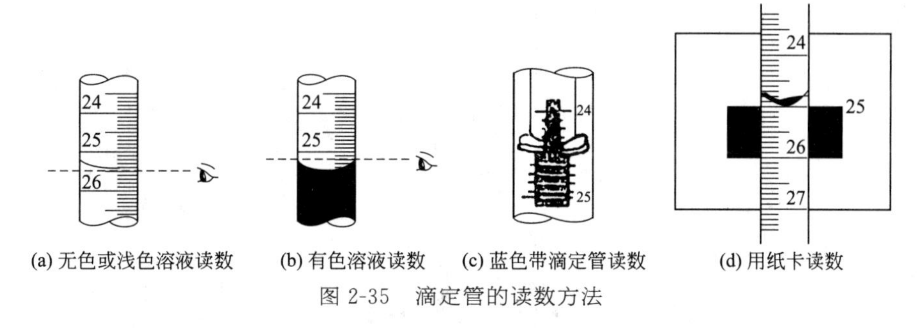

(a) 无色或浅色溶液读数　(b) 有色溶液读数　(c) 蓝色带滴定管读数　(d) 用纸卡读数

图 2-35　滴定管的读数方法

弯月面形成的水平为准，无须使用纸卡。若为蓝色带滴定管读数［图 2-35(c)］时，对无色溶液读两个弯月面相交于蓝线上的一点为准；对于有色溶液，读两个弯月面两侧最高点。

⑤ 读取的读数立即记录在实验记录本上。

(4) 滴定　在滴定前，把装好标准溶液(或滴定用的溶液)的滴定管夹在滴定管夹上。酸式滴定管的旋塞柄朝向右手一边，保持滴定管垂直。然后把滴定管内液面的弯月面下缘的最低点(对无色溶液或浅色溶液)或液面弯月面两侧最高点(颜色深的溶液)调至"0"刻度。方法是：把溶液加入滴定管中至"0"刻度以上(不需超过刻度太多)，然后开启玻璃旋塞或挤压玻璃珠处的橡皮管，让多余的溶液慢慢滴出，使管内液面弯月面下缘最低点落至刻度"0"，稍等 1～2min，待残留在刻度"0"以上的溶液完全流下，此时液面会略微上升，再调至"0"刻度。当管内确实调至"0.00"刻度时，关闭旋塞或停止挤压玻璃球，在滴定管出口处不应悬挂液滴，否则可用玻璃棒或烧杯内壁(必须干燥)与出口处接触后除去。读下初读数并记录在实验笔记本上，然后才能开始滴定。滴定时，先用移液管或吸量管吸取一定体积的被滴定的溶液放入锥形瓶或烧杯内，并加入适当指示剂，然后将滴定管伸入锥形瓶或烧杯内(不要伸入太深)，左手三指从滴定管旋塞后方右侧伸出，拇指在前与食指及中指操纵旋塞(图 2-36)滴定，如果在烧杯内滴定，则右手持玻璃棒不断轻轻搅拌溶液；如果在锥形瓶内滴定，则右手持锥形瓶瓶颈边滴定边摇动［图 2-36(b)］。为了便于观察锥形瓶内或烧杯内溶液的颜色，在滴定台上衬以白色纸或白瓷板。滴定开始时，一般情况下以 3～4 滴/s 的滴定速度进行滴定，不要全开旋塞快速放液。接近化学计量点(实际上是终点)时，滴定速度要慢，一滴一滴地滴加，以至半滴或 1/4 滴地进行滴定，在快到化学计量点时，应该用洗瓶把溅在锥形瓶或烧杯内壁上的溶液吹洗下去(吹洗的蒸馏水不宜多，尽量用少些)，以免引起误差，继续滴定至溶液刚刚变色，即达到滴定终点，此时应立即停止滴定。滴定完毕，稍等 0.5～1min 后，读取终读数，并记录在实验笔记本上。再进行第二次、第三次滴定。根据个人习惯不同，上述操作可以左、右手互换。

微量滴定管用于精密的滴定，操作方法与常量滴定管相同。

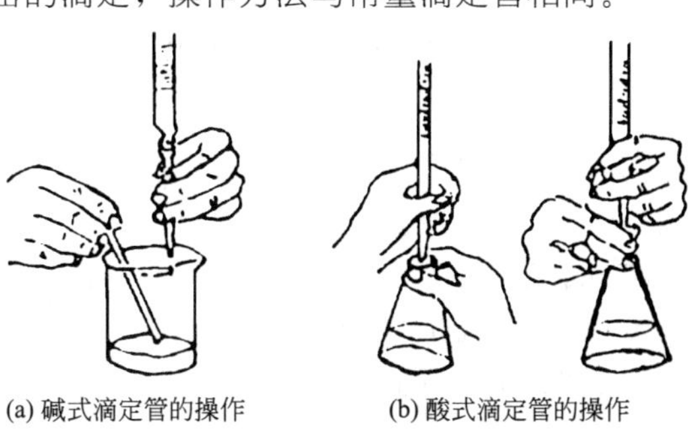

(a) 碱式滴定管的操作　(b) 酸式滴定管的操作

图 2-36　滴定操作方法

第3章 基础实验

实验3.1 解离平衡和缓冲溶液

一、实验目的

(1) 通过实验进一步掌握弱电解质的解离平衡及其移动。

(2) 学习缓冲溶液的配制及其pH值的测定，了解缓冲溶液的缓冲性能。

(3) 了解缓冲容量与缓冲剂浓度和缓冲组分比值的关系。

二、实验原理

(一) 弱电解质在溶液中的解离平衡及移动

若AB为弱电解质，则在水溶液中存在着下列解离平衡

$$AB \rightleftharpoons A^+ + B^-$$

达成平衡时，未解离的分子浓度和已解离出的离子的浓度的关系为

$$K_d^\ominus = \frac{[A^+][B^-]}{[AB]}$$

在此平衡系统中，若加入含有相同离子的强电解质，即增加A^+或B^-的浓度，平衡会向生成AB的方向移动，从而降低了弱电解质AB的解离度，这种现象叫作同离子效应。

(二) 缓冲溶液

弱酸及其盐(如HAc和NaAc)、弱碱及其盐(如$NH_3 \cdot H_2O$和NH_4Cl)或多元酸的酸式盐及其对应的次级盐(如NaH_2PO_4和Na_2HPO_4)的混合溶液，在一定程度上有缓冲作用，即当另外加入少量酸、碱或适当稀释时，此种混合溶液pH值变化不大，这种溶液叫作缓冲溶液。

三、仪器与试剂

试管、试管架、量筒、烧杯、表面皿、玻璃棒。

pH广泛试纸、pH精密试纸、NH_4Cl(s)、NaAc(s)、0.1%酚酞(90%乙醇溶液)、0.05%甲基橙(水溶液)、0.1mol/L HCl、0.01mol/L HCl、1mol/L HAc、0.1mol/L HAc、0.1mol/L $MgCl_2$、2mol/L $NH_3 \cdot H_2O$、0.1mol/L $NH_3 \cdot H_2O$、饱和NH_4Cl、0.1mol/L NH_4Cl、0.1mol/L NaOH、0.01mol/L NaOH、0.1mol/L Na_2HPO_4、0.1mol/L NaH_2PO_4、1mol/L

$NaHCO_3$、1mol/L NaAc、0.1mol/L NaAc。

四、实验步骤

（一）同离子效应

① 往试管中加入 2mL 0.1mol/L $NH_3 \cdot H_2O$ 溶液，再滴 1 滴酚酞溶液，观察溶液呈什么颜色？将此溶液分盛于两支试管中，往一支试管中加入一小勺 NH_4Cl 固体，摇荡使之溶解，观察溶液的颜色，并与另一支试管中溶液颜色相比较。

② 往试管中加入 2mL 0.1mol/L HAc 溶液，再滴入 1 滴甲基橙，混合均匀，溶液呈什么颜色？将此溶液分盛于两支试管中，往一支试管中加入一小勺 NaAc 固体，摇荡使之溶解，观察溶液的颜色，并与另一支试管中溶液的颜色相比较。

③ 取两支试管，各加入 5 滴 0.1mol/L $MgCl_2$ 溶液，在其中一支试管中加入 5 滴饱和 NH_4Cl 溶液，然后分别往两支试管中加入 5 滴 2mol/L $NH_3 \cdot H_2O$，观察两支试管中发生的现象有何不同？为什么？

（二）缓冲溶液的配制和性质

（1）缓冲溶液的配制　通过计算，把配制下列三种缓冲溶液所需各组分的体积(以 mL 计）填入表 3-1(总体积为 10mL)。

按照表 3-1 中用量，配制出甲、乙、丙三种缓冲溶液，于标过号的三支试管中用广泛 pH 试纸测定它们的 pH 值，填入表中。试比较实验值与计算值是否相符。保留溶液，供后面的实验使用。

（2）缓冲溶液的性质

① 对强酸、强碱的缓冲能力

a. 在两支试管中各加入 3mL 蒸馏水，用广泛 pH 试纸测定其 pH 值，然后分别加入 3 滴 0.1mol/L 盐酸和 3 滴 0.1mol/L NaOH 溶液，再用广泛 pH 试纸测定 pH 值。

b. 将实验步骤 2(1) 中配制的甲、乙、丙三种缓冲溶液，依次各取 3mL 分别加入三支试管中，往每支试管中各加 3 滴 0.1mol/L 盐酸。另取三支试管分别加甲、乙、丙三种缓冲溶液 3mL，再往每支试管中各加 3 滴 0.1mol/L NaOH 溶液。用广泛 pH 试纸测定上述六支试管中溶液的 pH 值。测定值有无变化？由 a、b 两个实验可得出什么结论？

表 3-1　三种缓冲溶液的 pH 值

缓冲溶液	pH 值	组分	V/mL	pH 值（实验值）
甲	4	0.1mol/L HAc 0.1mol/L NaAc		
乙	7	0.1mol/L Na_2HPO_4 0.1mol/L NaH_2PO_4		
丙	10	0.1mol/L $NH_3 \cdot H_2O$ 0.1mol/L NH_4Cl		

② 对稀释的缓冲能力　取四支试管，依次加 pH＝4 的缓冲溶液、0.01mol/L 盐酸溶液(用 pH 试纸测其 pH 值)、pH＝10 的缓冲溶液、0.01mol/L NaOH(用 pH 试纸测其 pH 值）各 1mL，然后在各支试管中加入 10mL 水，摇匀后用精密 pH 试纸测量其 pH 值。

通过①和②的实验说明缓冲溶液有什么性质？可用表格形式作比较。

（3）缓冲容量

① 缓冲容量与缓冲剂浓度的关系　取两支试管，在一支试管中加入 2mL 0.1mol/L

HAc 和 2mL 0.1mol/L NaAc，在另一支试管中加入 2mL 1mol/L HAc 和 2mL 1mol/L NaAc，测定两支试管内溶液的 pH 值(是否相同?)。往两支试管中分别加入甲基橙指示剂两滴，然后在两支试管中分别逐滴加入 0.1mol/L 盐酸溶液(每加 1 滴均需摇动)，直到溶液的颜色变红色。记录每支试管中所加的滴数，解释现象。

② 缓冲容量与缓冲组分比值的关系　取两支大试管，往一支试管中加入 5mL 0.1mol/L $NH_3 \cdot H_2O$ 和 5mL 0.1mol/L NH_4Cl，此时

$$[NH_3 \cdot H_2O] / [NH_4^+] = 1$$

另一支试管中加入 9mL 0.1mol/L $NH_3 \cdot H_2O$ 和 1mL 0.1mol/L NH_4Cl，此时

$$[NH_3 \cdot H_2O] / [NH_4^+] = 9$$

用精密 pH 试纸测量两溶液的 pH 值，然后在每支试管中加入 1mL 0.1mol/L HCl，再用精密 pH 试纸测量它们的 pH 值。解释所观察的结果。

（三）设计性实验

设计实验说明 $NaHCO_3$ 溶液具有缓冲能力。

五、思考题

（1）将 10mL 0.1mol/L HAc 溶液和 10mL 0.1mol/L NaOH 溶液混合，所得溶液是否有缓冲能力?

（2）在使用 pH 试纸检测溶液 pH 值时，应注意哪些问题?

实验 3.2 盐类水解与沉淀-溶解平衡

一、实验目的

(1) 了解盐类水解反应及其影响因素。

(2) 了解沉淀溶解平衡和溶度积原理的应用。

(3) 学会离心分离操作方法。

二、实验原理

(一) 盐类的水解反应

盐类的水解反应是组成盐的离子和水解离出来的 H^+ 或 OH^- 相互作用，生成弱酸或弱碱的反应。盐类的水解反应往往使溶液呈碱性或酸性。弱酸强碱所生成的盐(如 NaAc) 水解使溶液呈碱性；强酸弱碱所生成的盐(如 NH_4Cl) 水解使溶液呈酸性；对于弱酸与弱碱所生成的盐的水解，则与生成的弱酸或弱碱的相对强度有关，例如$(NH_4)_2S$ 溶液呈碱性。通常水解后生成的酸或碱越弱，则盐的水解度越大。水解是吸热反应，加热可以促进水解作用。

(二) 沉淀溶解平衡和溶度积规则的应用

在一定温度下，难溶电解质的饱和溶液中未溶解的固体和溶解后形成的离子间存在着平衡，这种多相离子平衡叫作沉淀溶解平衡。例如，在含有过量 PbI_2 的饱和溶液中，存在着下列平衡

$$\underset{(\text{固相})}{PbI_2(s)} \rightleftharpoons \underset{(\text{液相})}{Pb^{2+} + 2I^-}$$

$$K_{sp}^{\ominus}(PbI_2) = [Pb^{2+}][I^-]^2$$

$K_{sp}^{\ominus}$ 表示沉淀-溶解平衡的平衡常数：在难溶电解质的饱和溶液中，难溶电解质离子浓度(以其化学计量数为幂指数) 的乘积。$K_{sp}^{\ominus}$ 叫作该难溶电解质的溶度积。$K_{sp}^{\ominus}(PbI_2)$ 表示 PbI_2 的溶度积。根据溶度积规则可以判断沉淀的生成和溶解，例如

$[Pb^{2+}][I^-]^2 > K_{sp}^{\ominus}(PbI_2)$　　有沉淀生成

$[Pb^{2+}][I^-]^2 = K_{sp}^{\ominus}(PbI_2)$　　溶液正好饱和

$[Pb^{2+}][I^-]^2 < K_{sp}^{\ominus}(PbI_2)$　　溶液未饱和，无沉淀析出

如果设法降低有难溶电解质沉淀的饱和溶液中某一离子的浓度，使离子浓度的乘积小于其溶度积，则沉淀就溶解。

如果溶液中含有两种或两种以上的离子都能与加入的某种试剂(沉淀剂) 反应生成难溶电解质沉淀时，沉淀的先后次序取决于所需沉淀剂离子浓度的大小。需要沉淀剂离子浓度较小的离子先沉淀，需要沉淀剂离子浓度较大的后沉淀。这种先后沉淀的现象叫作分步沉淀。

将一种难溶电解质转化为另一种难溶电解质，即把一种沉淀转化为另一种沉淀的过程，叫作沉淀的转化。一般说来，溶解度较大的难溶电解质容易转化为溶解度较小的难溶电解质。

三、仪器与试剂

试管、试管架、试管夹、离心试管、玻璃棒、酒精灯、铁三脚架、石棉网、烧杯、离心机、表面皿。

pH 广泛试纸、NaAc(s)、$SbCl_3$(s)、$BiCl_3$(s)、0.1mol/L Na_2CO_3、0.1mol/L NaCl、

0.1mol/L $Al_2(SO_4)_3$、0.1mol/L Na_3PO_4、0.1mol/L NaH_2PO_4、0.1mol/L Na_2HPO_4、0.1mol/L Na_2SO_4、0.1mol/L $FeCl_3$、0.1mol/L 与 0.001mol/L $Pb(NO_3)_2$、0.1mol/L 与 0.001mol/L KI、0.1mol/L K_2CrO_4、0.1mol/L $AgNO_3$、0.1mol/L $CuSO_4$、0.1mol/L $ZnSO_4$、0.1mol/L $MnSO_4$、0.1mol/L Na_2S、2mol/L HAc、2mol/L 与 6mol/L HCl、2mol/L 与 6mol/L HNO_3、0.1mol/L $BaCl_2$、饱和$(NH_4)_2C_2O_4$、0.1%酚酞(90%乙醇溶液)。

四、实验步骤

（一）盐类的水解

（1）盐类的水解与溶液的酸碱性

① 用 pH 试纸检验 0.1mol/L NaCl、0.1mol/L Na_2CO_3 及 0.1mol/L $Al_2(SO_4)_3$ 溶液的酸碱性，说明原因，并写出水解反应的离子方程式。

② 用 pH 试纸检验 0.1mol/L Na_3PO_4、0.1mol/L Na_2HPO_4、0.1mol/L NaH_2PO_4 溶液的酸碱性。酸式盐是不是都显酸性，为什么？

（2）水解平衡

① 温度对水解的影响

a. 往一支试管中加入一粒绿豆大的 NaAc 固体及 4mL 水，摇荡试管使 NaAc 溶解后再滴入 1 滴酚酞指示剂。然后将溶液分盛于两支试管中，将一支试管溶液加热至沸，比较两支试管中溶液的颜色，并解释之。

b. 在 50mL 烧杯中注入 30mL 水，加热至沸，滴加 3～5 滴 1mol/L $FeCl_3$ 溶液，有何现象？在溶液中逐滴加入 0.1mol/L Na_2SO_4 溶液，又有何现象？解释原因。

② 将少量 $BiCl_3$(或 $SbCl_3$) 固体加入盛有 1mL 蒸馏水的试管中，摇动。用 pH 试纸检验溶液的酸碱性。加 6mol/L HCl 至沉淀刚好溶解，最后将所得溶液稀释，又有什么变化？解释上述现象，写出有关反应方程式。

③ 往一支试管中加入 3mL 0.1mol/L Na_2CO_3 和 2mL 0.1mol/L $Al_2(SO_4)_3$ 溶液，摇匀后，观察现象并解释之。写出反应的离子方程式。

（二）溶度积规则的应用

（1）判断沉淀能否生成　在一支试管中加入 5 滴 0.2mol/L $Pb(NO_3)_2$ 溶液，然后加入 10 滴 0.02mol/L KI 溶液，观察有无沉淀生成？

在另一支试管中加入 5 滴 0.02mol/L $Pb(NO_3)_2$ 溶液，然后加入 10 滴 0.2mol/L KI 溶液，观察有无沉淀生成？试从溶度积原理解释上述现象。

（2）分步沉淀　在离心试管中加入 6 滴 0.1mol/L NaCl 溶液和 2 滴 0.1mol/L K_2CrO_4 溶液，加水稀释至 2mL，摇匀后逐滴加入 6～8 滴 0.1mol/L $AgNO_3$ 溶液(边滴边摇)。离心沉淀后，观察生成的沉淀和溶液的颜色。再往清液中滴加数滴 0.1mol/L $AgNO_3$ 溶液，会出现什么颜色的沉淀？根据沉淀的颜色(并通过有关溶度积的计算）判断哪一种难溶电解质先沉淀？

（3）沉淀的溶解

① 在三支离心试管中分别加入 1mL 0.1mol/L $CuSO_4$、0.1mol/L $ZnSO_4$、0.1mol/L $MnSO_4$ 溶液，再各加入 1mL 0.1mol/L Na_2S 溶液，离心分离，弃去清液。分别试验这三种沉淀在 2mol/L HAc、2mol/L HCl 和 6mol/L HNO_3(水浴加热）中的溶解情况，比较这三种硫化物溶度积的大小。

② 在三支离心试管中分别加入 1mL 0.1mol/L Na_2CO_3、0.1mol/L K_2CrO_4 和 0.1mol/L Na_2SO_4 溶液，再各加入 1mL 0.1mol/L $BaCl_2$ 溶液，离心分离，弃去清液。分别试验这三种沉淀在 2mol/L HAc、2mol/L HCl 和 6mol/L HCl 中的溶解情况。

这三种难溶盐的溶度积相差不大，为什么在酸中的溶解情况却差别甚大？解释之。

(4) 平衡的相互转化

① 生成弱电解质　往离心试管中加 5 滴 0.1mol/L $BaCl_2$ 溶液和 3 滴饱和$(NH_4)_2C_2O_4$ 溶液，有何现象？离心分离，弃去溶液，往沉淀中滴加 6mol/L HCl 溶液，有什么现象？写出反应方程式。

② 生成配离子　往一支离心试管中加入 10 滴 0.1mol/L NaCl 溶液，再加入 1 滴 0.1mol/L $AgNO_3$ 溶液，离心分离，弃去溶液，然后往沉淀中滴加 2mol/L $NH_3 \cdot H_2O$，有什么现象产生？写出反应方程式。

③ 发生氧化还原反应　往一支离心试管中加入 5 滴 0.1mol/L Na_2S 溶液，再加入 1 滴 0.1mol/L $AgNO_3$ 溶液，有何现象？离心分离，弃去滤液，然后往沉淀中加入 10 滴 6mol/L HNO_3，水浴加热，有什么变化？写出反应方程式。

④ 沉淀的转化　取一支离心试管，加入 5 滴 0.2mol/L $Pb(NO_3)_2$ 和 5 滴 0.1mol/L NaCl 溶液，有何现象？离心分离，弃去溶液，然后往沉淀中滴加 5 滴 0.2mol/L KI 溶液，搅拌，观察沉淀颜色变化。说明原因并写出反应方程式。

(5) 沉淀法分离混合离子

① 设计实验分离混合离子 Cu^{2+}、Ba^{2+}、Mg^{2+}。

② 设计实验分离混合离子 Ag^{2+}、Fe^{3+}、Al^{3+}。

五、思考题

(1) 试解释为什么 $NaHCO_3$ 水溶液呈碱性，而 $NaHSO_4$ 水溶液呈酸性。

(2) 如何配制 $SbCl_3$、$BiCl_3$、$FeCl_3$、$SnCl_2$ 等盐的水溶液。

(3) 利用平衡移动原理，判断下列难溶电解质是否可用 HNO_3 来溶解？

$MgCO_3$、Ag_3PO_4、AgCl、CaC_2O_4、$BaSO_4$

(4) 能否把 $BaSO_4$ 转化为 $BaCO_3$？为什么？该转化有何实际意义？

实验 3.3　配合物的性质

一、实验目的

(1) 比较并解释配离子的稳定性。

(2) 了解配位平衡与其他平衡之间的关系。

(3) 了解配合物的一些应用。

二、实验原理

配合物是由形成体(又称为中心离子或原子) 与一定数目的配位体(负离子或中性分子) 以配位键结合而形成的一类复杂化合物，是路易斯(Lewis) 酸和路易斯碱的加合物。配合物的内界与外界之间以离子键结合，在水溶液中完全解离。配离子(或中性配位个体) 在水溶液中分步解离，其行为类似于弱电解质。在一定条件下，中心离子、配位体和配离子间达到配位平衡，例如：

$$Cu^{2+} + 4NH_3 \rightleftharpoons [Cu(NH_3)_4]^{2+}$$

相应反应的标准平衡常数称为配合物的稳定常数，用 $K_f^\ominus$ 表示。对于相同类型的配合物，$K_f^\ominus$ 数值愈大，配合物就愈稳定。

在水溶液中，配合物的生成反应主要有配位体的取代反应和加合反应，例如：

$$[Fe(SCN)_n]^{3-n} + 6F^- = [FeF_6]^{3-} + nSCN^-$$

$$HgI_2(s) + 2I^- = [HgI_4]^{2-}$$

配合物形成时往往伴随溶液颜色、酸碱性(即 pH 值)、难溶电解质溶解度、中心离子氧化还原性的改变等特征。

利用一些配位离子的形成可以用来分离、鉴定某些简单离子。

三、仪器与试剂

试管、试管架、试管夹、玻璃棒、酒精灯、石棉网、烧杯。

1mol/L HCl、浓 HCl、2mol/L $NH_3 \cdot H_2O$、6mol/L $NH_3 \cdot H_2O$、0.1mol/L NaOH、0.1mol/L KI、2mol/L KI、0.1mol/L NaCl、0.1mol/L KBr、0.1mol/L $K_4[Fe(CN_6)]$、0.1mol/L $K_3[Fe(CN_6)]$、0.1mol/L Na_2S、0.1mol/L $Na_2S_2O_3$、0.1mol/L Na_2-EDTA、0.1mol/L NH_4SCN、0.1mol/L KSCN、饱和 $(NH_4)_2C_2O_4$、2mol/L NH_4F、0.1mol/L $NH_4Fe(SO_4)_2$、0.1mol/L $AgNO_3$、0.1mol/L $Al(NO_3)_3$、0.1mol/L $Cu(NO_3)_2$、0.1mol/L $BaCl_2$、0.1mol/L $CuSO_4$、0.1mol/L $HgCl_2$、0.1mol/L $FeCl_3$、Ni^{2+} 试液、Fe^{3+} 和 Co^{2+} 混合试液、碘水、1%丁二酮肟、95%乙醇、戊醇。

四、实验步骤

(一) 简单离子与配离子的区别

在分别盛有 2 滴 0.1mol/L $FeCl_3$ 溶液和 2 滴 $K_3[Fe(CN_6)]$ 溶液的 2 支试管中，分别滴入 2 滴 0.1mol/L NH_4SCN 溶液，有何现象？两种溶液中都有 Fe(Ⅲ)，如何解释上述现象？

(二) 配离子稳定性的比较

(1) 往盛有 2 滴 0.1mol/L $FeCl_3$ 溶液的试管中，加数滴 0.1mol/L NH_4SCN 溶液，有何现象？然后再逐滴加入饱和 $(NH_4)_2C_2O_4$ 溶液，观察溶液颜色有何变化？写出有关反应方程式，并比较 Fe^{3+} 的两种配离子的稳定性大小。

(2) 在盛有 10 滴 0.1mol/L $AgNO_3$ 溶液的试管中，加入 10 滴 0.1mol/L NaCl 溶液，

微热，分离除去上层清液，然后在该试管中按下列的次序进行实验：

① 滴加 6mol/L 氨水(不断摇动试管）至沉淀刚好溶解；

② 加 10 滴 0.1mol/L KBr 溶液，有何沉淀生成?

③ 除去上层清液，滴加 1mol/L $Na_2S_2O_3$ 溶液至沉淀溶解；

④ 滴加 0.1mol/L KI 溶液，又有何沉淀生成?

写出以上各反应的方程式，并根据实验现象比较：

① $[Ag(NH_3)_2]^+$、$[Ag(S_2O_3)_2]^{3-}$ 的稳定性大小；

② AgCl、AgBr、AgI 的 $K_{sp}^{\ominus}$ 的大小。

(3) 在 0.5mL 碘水中，逐滴加入 0.1mol/L $K_4[Fe(CN)_6]$ 溶液，振荡，有何现象? 写出反应式。

结合 Fe^{3+} 可以把 I^- 氧化成 I_2 这一实验结果，试比较 Fe^{3+}/Fe^{2+} 与 $[Fe(CN)_6]^{3-}/[Fe(CN)_6]^{4-}$ 电极电势的大小，并根据两者电极电势的大小，比较 $[Fe(CN)_6]^{3-}$ 和 $[Fe(CN)_6]^{4-}$ 稳定性的大小。

(三）配位平衡的移动

在盛有 5mL 0.1mol/L $CuSO_4$ 溶液的大试管中加入 6mol/L 氨水直至最初生成的碱式盐 $Cu_2(OH)_2SO_4$ 沉淀又溶解为止。然后加入 6mL 95%的乙醇。观察晶体的析出。将晶体过滤，用少量乙醇洗涤晶体，观察晶体的颜色，写出反应式。

取上述制备的 $[Cu(NH_3)_4]SO_4$ 晶体少许溶于 4mL 2mol/L 氨水中，得到含 $[Cu(NH_3)_4]^{2+}$ 的溶液。今欲破坏该配离子，请按下述要求，自己设计实验步骤进行实验，并写出有关反应式。

① 利用酸碱反应破坏 $[Cu(NH_3)_4]^{2+}$；

② 利用沉淀反应破坏 $[Cu(NH_3)_4]^{2+}$；

③ 利用氧化还原反应破坏 $[Cu(NH_3)_4]^{2+}$；

提示：

$$[Cu(NH_3)_4]^{2+} + 2e^- \rightleftharpoons Cu + 4NH_3 \qquad \varphi^{\ominus} = -0.02V$$

$$[Zn(NH_3)_4]^{2+} + 2e^- \rightleftharpoons Zn + 4NH_3 \qquad \varphi^{\ominus} = -1.02V$$

④ 利用生成更稳定配合物(如螯合物）的方法破坏 $[Cu(NH_3)_4]^{2+}$。

(四）配合物的某些应用

(1) 利用生成有色配合物定性鉴定某些离子　丁二酮肟（$\begin{array}{l}H_3C-C=N-OH\\ \qquad\quad\ |\\ H_3C-C=N-OH\end{array}$）分子中两个氮原子均可与 Ni^{2+} 配位，形成五元环螯合物。丁二酮肟是弱酸，H^+ 浓度太大，Ni^{2+} 沉淀不完全或不生成沉淀。但 OH^- 的浓度也不宜太大，否则会生成 $Ni(OH)_2$ 的沉淀。合适的酸度是 pH 值为 5～10。

实验：在白色点滴板上加入 Ni^{2+} 试液 1 滴，6mol/L 氨水 1 滴和 0.01%的丁二酮肟溶液 1 滴，有鲜红色沉淀生成表示有 Ni^{2+} 存在。

(2) 利用生成配合物掩蔽干扰离子　在定性鉴定中如果遇到干扰离子，常常利用形成配合物的方法把干扰离子掩蔽起来。例如 Co^{2+} 的鉴定，可利用它与 SCN^- 反应生成 $[Co(SCN)_4]^{2-}$，该配离子易溶于有机溶剂而呈现蓝绿色。若 Co^{2+} 溶液中含有 Fe^{3+}，因 Fe^{3+} 遇 SCN^- 生成红色的配离子而产生干扰。这时，我们可利用 Fe^{3+} 与 F^- 形成更稳定的无色 $[FeF_6]^{3-}$，把 Fe^{3+}“掩蔽”起来，从而避免它的干扰。

实验：取Fe^{3+}和Co^{2+}混合试液2滴于一试管中，加8～10滴饱和NH_4SCN溶液，有何现象产生？逐滴加入2mol/L NH_4F溶液，并摇动试管，有何现象？最后加戊醇6滴，振荡试管，静置，观察戊醇层的颜色(这是Co^{2+}的鉴定方法)。

(3) 硬水软化　取两只100mL烧杯各盛50mL自来水(用井水效果更明显)，在其中一只烧杯中加入3～5滴0.1mol/L EDTA二钠盐溶液。然后将两只烧杯中的水加热煮沸10min。可以看到未加EDTA二钠盐溶液的烧杯中有白色$CaCO_3$等悬浮物生成，而加EDTA二钠盐溶液的烧杯中则没有，这表明水中Ca^{2+}等阳离子发生了什么变化？为何没有白色悬浮物产生？

(五) 配位化合物与复盐的区别

往3支试管中各加入10滴0.1mol/L $NH_4Fe(SO_4)_2$溶液，分别用0.1mol/L NaOH溶液、0.1mol/L KSCN溶液和0.1mol/L $BaCl_2$溶液来检验溶液中的NH_4^+、Fe^{3+}和SO_4^{2-}，写出反应方程式。根据实验步骤(一)及本实验的结果，比较$NH_4Fe(SO_4)_2$和$K_3[Fe(CN)_6]$在结构上有何不同，说明配位化合物与复盐的区别。

(六) 利用配位反应分离混合离子

取0.1mol/L $AgNO_3$、0.1mol/L $Al(NO_3)_3$和0.1mol/L $Cu(NO_3)_2$溶液各5滴，进行混合，试利用配位反应分离Ag^+、Al^{3+}、Cu^{2+}。设计分离方案并写出有关反应式。

五、思考题

(1) 衣服上沾有铁锈时，常用草酸去洗，试说明原理。

(2) 可用哪些不同类型的反应，使$[Fe(SCN)]^{2+}$的红色褪去？

(3) 在印染业的染液中，常因某些离子(如Fe^{3+}、Cu^{2+}等)使染料颜色改变，加入EDTA便可防止该问题的发生，试说明原理。

(4) 请用适当的方法将下列各组化合物逐一溶解：

① AgCl、AgBr、AgI；② $Mg(OH)_2$、$Zn(OH)_2$、$Al(OH)_3$；③ CuC_2O_4、CuS

实验 3.4 氧化还原反应

一、实验目的

(1) 理解电极电势与氧化还原反应方向的关系；反应物浓度和介质对氧化还原反应的影响。

(2) 了解化学原电池的组成及电动势；了解氧化态或还原态的浓度及介质对电对的电极电势的影响。

(3) 进一步理解氧化还原反应的可逆性和氧化剂、还原剂的相对性。

二、实验原理

元素的氧化态及其还原态组成一个氧化还原电对，如 Cu^{2+}/Cu^{+}、Fe^{3+}/Fe^{2+}、$I_2/2I^-$、$2H^+/H_2$、MnO_4^-/Mn^{2+} 等。

某电对的电极电势愈高，其氧化态的氧化能力愈强，某电对的电极电势愈低，其还原态的还原能力愈强。

氧化还原电对的电极电势的高低，除了取决于电对的本性，还与其氧化态与还原态的相对浓度、溶液的酸度及温度等有关。

氧化还原反应进行的方向，是强氧化剂与强还原剂作用，向生成弱还原剂与弱氧化剂方向进行。几个氧化还原物质同时存在时，氧化还原电对的电极电势相差较大的首先反应。

原电池中的电池反应就是氧化还原反应。原电池的电动势 $E=\varphi_+-\varphi_-$。

三、仪器与试剂

量筒、导线、盐桥、直流伏特计(0～3V)，大小表面皿、烧杯、酒精灯、试管、试管架、试管夹、玻璃棒。

0.5mol/L $Pb(NO_3)_2$、1mol/L $Pb(NO_3)_2$、1mol/L HAc、0.5mol/L $CuSO_4$、0.5mol/L $ZnSO_4$、0.1mol/L 与 0.5mol/L KI、0.1mol/L $FeSO_4$、饱和碘水、饱和溴水、0.5mol/L $K_4[Fe(CN_6)]$、0.1mol/L $NaNO_2$、0.01mol/L $KMnO_4$、3mol/L H_2SO_4、2mol/L HNO_3、浓 HNO_3、0.1mol/L $H_2C_2O_4$、0.5mol/L Na_2SiO_3、Na_2SO_3(s)、6mol/L NaOH、0.2mol/L $NaAsO_4$、0.2mol/L Na_3AsO_3、3% H_2O_2、0.5%淀粉、浓氨水、CCl_4、0.1mol/L $FeCl_3$、0.1mol/L KBr、Zn 粒、Pb 粒、Zn 片、Cu 片、红色石蕊试纸(或 pH 广泛试纸)。

四、实验步骤

(一) 电极电势与氧化还原反应的关系

(1) 在 2 支小试管中分别加 20 滴 0.5mol/L $Pb(NO_3)_2$、20 滴 0.5mol/L $CuSO_4$，然后皆放入 2 颗较大的光洁锌粒，振荡，放置 10min 后，弃去溶液，观察锌粒表面有何变化，写出反应式。

(2) 往 2 支小试管中分别加 20 滴 0.5mol/L $ZnSO_4$、20 滴 0.5mol/L $CuSO_4$，然后皆放入 2 颗较大的光洁铅粒，振荡，放置 10～15min 后，弃去溶液，观察铅粒表面有无腐蚀痕迹。若有，则写出反应式。

根据以上(1)和(2)实验，定性比较：电对 Zn^{2+}/Zn、Pb^{2+}/Pb、Cu^{2+}/Cu 电极电势的相对高低，Zn^{2+}、Pb^{2+}、Cu^{2+} 氧化性的相对强弱，Zn、Pb、Cu 还原性的相对强弱。

(3) 往试管中加入 10 滴 0.1mol/L KI 和 2 滴 0.1mol/L $FeCl_3$，振荡，观察溶液颜色的变化。然后加入 10 滴 CCl_4，充分摇荡、静置，观察 CCl_4 层的颜色。写出 Fe^{3+} 与 I^- 的反应

式，解释实验现象。

(4) 往试管中加入 10 滴 0.1mol/L KBr 和 2 滴 0.1mol/L $FeCl_3$，振荡，观察溶液的颜色有无变化，说明 Fe^{3+} 与 Br^- 能否反应？往试管中加入 5 滴 0.1mol/L $FeSO_4$ 和 2 滴饱和 I_2 水，振荡后，观察溶液的颜色有无变化，表明 Fe^{3+} 与 I_2 能否反应？

(5) 在 2 支试管中均加入 5 滴饱和溴水，再向其中 1 支加入约 5～8 滴 0.1mol/L $FeSO_4$，振荡后，在白色背景下比较 2 支试管溶液所呈现的颜色差别(若差别不明显，可滴加 1 滴 0.1mol/L $K_4[Fe(CN)_6]$，根据有无蓝色沉淀出现，判断有无 Fe^{3+} 生成)。写出 Fe^{2+} 与 Br_2 的反应式。

根据以上(3)、(4)和(5)的实验，定性比较：电对 Fe^{3+}/Fe^{2+}、Br_2/Br^- 和 I_2/I^- 电极电势的相对高低；Fe^{3+}、Br_2、I_2 氧化性的相对强弱；Fe^{2+}、Br^-、I^- 还原性的相对强弱。

(二) 浓度和酸度对电极电势的影响

(1) 浓度的影响　在两个小烧杯中，分别加入约 30mL 0.5mol/L $ZnSO_4$、30mL 0.5mol/L $CuSO_4$，然后分别插入锌片、铜片，组成两个电极，再用盐桥将两杯溶液相连，即组成一个原电池。用导线将铜片、锌片分别与伏特计的＋、－接线柱相接，测量两极之间的电压。

然后向 $CuSO_4$ 溶液中注入浓氨水至生成的沉淀溶解，形成深蓝色溶液时，观察两极间的电压有何变化，表明正极的电极电势降低了还是升高了。

再向 $ZnSO_4$ 溶液中加浓氨水至生成的沉淀完全溶解时，观察两极的电压又有何变化，这表明负极的电极电势降低了还是升高了。由此推知氧化态离子的浓度减少，电对的电极电势降低了还是升高了。

(2) 酸度的影响　向一支有 10 滴 0.1mol/L $NaNO_2$ 的试管中加入 2 滴 0.1mol/L $KMnO_4$，是否有变化发生？再加约 5 滴 3mol/L H_2SO_4，摇荡，观察发生的变化。写出离子反应式。由此推知：随着酸度增大，MnO_4^- 的氧化性增强还是减弱？电对 MnO_4^-/Mn^{2+} 的电极电势升高还是降低？

(三) 浓度、酸度、温度对氧化还原产物的影响

(1) 浓度的影响

① 往 2 支各盛有 1 颗锌粒的试管中，分别加入 10 滴浓 HNO_3，10 滴 2mol/L HNO_3，观察反应现象，判断 2 支试管中的反应产物。浓 HNO_3 被还原的主要产物可通过观察产生的气体的颜色来判断。稀 HNO_3 即浓度为 2mol/L HNO_3 的还原产物可用溶液中是否有 NH_4^+ 产生的方法来确定。

气室法检验 NH_4^+：将 5 滴被检液滴于一较大的表面皿中央，再加入 3 滴 6mol/L NaOH，轻轻摇匀。在一较小的表面皿的凹面上黏附一条湿润的红色石蕊试纸(或 pH 广泛试纸)，然后倒盖在较大的表面皿上形成封闭气室。将此气室在水浴(可用装有热水的烧杯)上微热 2min。若红色石蕊试纸变蓝(或 pH 广泛试纸变蓝)，则表示被检液中有 NH_4^+。

② 在两支试管中分别加入 3 滴 0.5mol/L $Pb(NO_3)_2$ 溶液和 3 滴 1mol/L $Pb(NO_3)_2$ 溶液，各加入 30 滴 1mol/L HAc 溶液，混匀后，再逐滴加入 0.5mol/L Na_2SiO_3 溶液约 26～28 滴，摇匀，用蓝色石蕊试纸检查溶液仍呈弱酸性。在 90℃ 水浴中加热至试管中出现乳白色透明凝胶，取出试管，冷却至室温，在两支试管中同时插入表面积相同的锌片，观察两支试管中"铅树"生长速率的快慢，并解释之。

(2) 酸度的影响　在 3 支试管中均加入相当于 1 粒绿豆大小的 Na_2SO_3 固体(多了反应

不完，沉于管底，用水很难洗掉，须加浓 HNO_3 氧化，才易洗净，反添麻烦）。再向第一管中加5滴 3mol/L H_2SO_4；向第二管中加5滴水；向第三管中加5滴 6mol/L NaOH，然后向3支试管中均加入5滴 0.01mol/L $KMnO_4$，振荡，观察反应现象，写出离子方程式。

（3）温度的影响　在A、B两支试管中各加入3滴 0.01mol/L $KMnO_4$ 溶液和3滴 2mol/L H_2SO_4 溶液；在C、D两支试管中各加入 1mL 0.1mol/L $H_2C_2O_4$ 溶液。将A、C两支试管放在60℃水浴中水浴加热几分钟后取出，同时将A中溶液倒入C中，将B中溶液倒入D中。观察C、D两试管中的溶液哪一个先褪色，并解释之。

（四）酸度对氧化还原反应方向的影响

取2支试管，第一支试管中加入5滴 0.2mol/L Na_3AsO_4 和5滴 3mol/L H_2SO_4，温热后，加入5滴 0.1mol/L KI，观察溶液的变化；第二支试管中加入5滴 0.2mol/L Na_3AsO_3，加入2～3滴 I_2 液，加热，观察发生的变化。第一支试管中再加入6滴 6mol/L NaOH，第二支试管中加入6滴 3mol/L H_2SO_4，加热，观察发生的变化，写出可逆反应的离子方程式，注明正、逆反应进行的条件，解释实验现象。

（五）氧化剂与还原剂的相对性

取一支试管，加入5滴 0.5mol/L KI 和5滴 3mol/L H_2SO_4，再逐滴加入约10滴 3% H_2O_2 并振荡，观察溶液颜色的变化。加1滴 0.5 %淀粉溶液检验有无 I_2 生成。写出 H_2O_2 与 I^- 的反应式，说明 H_2O_2 在该反应中起的作用。

另取一试管，加入 0.01mol/L $KMnO_4$ 2滴，3mol/L H_2SO_4 5滴，置于60℃水浴中，然后逐滴加入 3% H_2O_2 并振荡，直至红色褪去。写出反应式，说明 H_2O_2 在该反应中的作用。

五、思考题

（1）试由实验归纳出影响电极电势大小的因素，它们都有一些什么样的影响？

（2）用伏特计测量原电池两极的电压等于电池电动势。这句话正确与否？为什么？

（3）$KMnO_4$ 在酸性、中性或弱碱性、强碱性三种介质中与还原剂反应的还原产物各是什么？反应溶液放置一段时间后，有何变化？为什么？

（4）根据电极电势与氧化还原反应的关系，说明 H_2O_2 在何种条件下可作氧化剂？在什么条件下可作还原剂？

（5）I^- 与 Fe^{3+} 反应后，溶液呈棕色。加入 CCl_4 振荡后，下层的 CCl_4 层显红色。试从 I_2 的溶解性角度解释这两种液相所呈的不同颜色。

（6）试设计一个原电池，将反应 $2MnO_4^- + SO_3^{2-} + 14H^+ \longrightarrow 2Mn^{2+} + SO_4^{2-} + 7H_2O$ 中释放出的化学能变为电能，并写出该电池符号。在标准状态下，该电池的电动势应为多少？（查教科书中的标准电极电势表）。

实验 3.5 个别离子鉴定

一、实验目的

学习和掌握若干元素离子的个别鉴定方法。

二、仪器与试剂

试管、试管架、试管夹、离心试管、玻璃棒、带有铂丝的玻璃棒、酒精灯、烧杯、电动离心机、表面皿、点滴板、验气瓶等。

Na^+、CrO_4^{2-}、Cr^{3+}、Mn^{2+}、Fe^{2+}、Fe^{3+}、Cu^{2+}、Zn^{2+}、SO_3^{2-}、NO^{3-}、PO_4^{3-} 试液，Cu^{2+}、Ag^+、Zn^{2+} 混合试液，0.1mol/L K_2CrO_4、0.1mol/L NH_4SCN、0.1mol/L $K_4[Fe(CN)_6]$、0.1mol/L $K_3[Fe(CN)_6]$、0.2% $CoCl_2$、0.01mol/L $KMnO_4$、$(NH_4)_2MoO_4$ 试剂、乙醚、$(NH_4)_2[Hg(SCN)_4]$ 试剂、2mol/L H_2SO_4、浓 H_2SO_4、3mol/L HNO_3、浓 HNO_3、2mol/L HCl、6mol/L HCl、2mol/L HAc、6mol/L NaOH、6mol/L $NH_3 \cdot H_2O$、浓$NH_3 \cdot H_2O$、3% H_2O_2、$FeSO_4(s)$、$NaBiO_3(s)$。

三、实验步骤

（一）Na^+的检出

将顶端弯成小圈的铂丝（或镍丝）浸在 2mol/L HCl 中（放在点滴板的凹穴内），取出后，放在酒精灯氧化焰中灼烧，如火焰无色，即可进行焰色反应。否则，应继续用 HCl 清洗、灼烧，直到没有颜色为止。

用洁净的铂丝蘸取 Na^+ 试液（预先放在点滴板的凹穴内，并加入 6mol/L HCl 一滴）灼烧之，观察火焰的颜色。

（二）CrO_4^{2-}、Cr^{3+} 的检出

在溶液中铬主要以三种形式存在：Cr^{3+}、CrO_4^{2-}、$Cr_2O_7^{2-}$。CrO_4^{2-} 和 $Cr_2O_7^{2-}$ 在水溶液中存在着下列平衡：

$$2CrO_4^{2-} + 2H^+ \rightleftharpoons Cr_2O_7^{2-} + H_2O$$

因此在酸性介质中，铬以 $Cr_2O_7^{2-}$ 形式存在；在碱性介质中，铬以 CrO_4^{2-} 形式存在。

在酸性介质中，$Cr_2O_7^{2-}$ 与 H_2O_2 作用生成过氧化铬（CrO_5）

$$Cr_2O_7^{2-} + 4H_2O_2 + 2H^+ = 2CrO_5 + 5H_2O$$

CrO_5 易溶于有机溶剂（如乙醚）中呈蓝色，利用这一反应检验 CrO_4^{2-} 和 $Cr_2O_7^{2-}$。

Cr^{3+} 的检出是利用在碱性介质中氧化为 CrO_4^{2-}，然后再用鉴定 CrO_4^{2-} 的方法来验证 Cr^{3+} 的存在。

（1）CrO_4^{2-}、$Cr_2O_7^{2-}$ 的转化：取 10 滴 0.1mol/L $K_2Cr_2O_7$ 溶液，滴加 2mol/L NaOH 溶液，溶液颜色有何变化？写出相应的化学反应式。

（2）CrO_4^{2-}（$Cr_2O_7^{2-}$）的鉴定：取 2 滴 CrO_4^{2-} 试液，用 2mol/L H_2SO_4 酸化，冷却后加乙醚 5 滴和 2～3 滴 3% H_2O_2，摇匀后观察乙醚层的颜色。如乙醚层呈深蓝色，表示有 CrO_4^{2-}（$Cr_2O_7^{2-}$）存在。

（3）Cr^{3+} 的检出：取 Cr^{3+} 的试液 5 滴，逐滴加入 2mol/L NaOH，有何物质生成？再加入过量的 NaOH 溶液，有何变化产生？在此溶液中，逐滴加入 7～8 滴 3% H_2O_2，每加一滴都用玻璃棒搅匀，加热 2～3min，除去剩余 H_2O_2，观察颜色变化。用鉴定 CrO_4^{2-} 的方法验证 Cr^{3+} 的存在。

（三）Mn^{2+}的检出

取一滴溶液，加3滴蒸馏水和3滴3mol/L HNO_3和1小勺$NaBiO_3$固体，搅拌。自然沉降，观察上层清液颜色变化，并写出相应的化学反应式。

（四）Fe^{3+}的检出

取1滴试液加入点滴板凹穴中，再加1滴0.1mol/L $K_4[Fe(CN)_6]$溶液，如有蓝色沉淀产生，表示有Fe^{3+}存在，写出相应的化学反应式。

取1滴溶液加到点滴板凹穴中，再加1滴0.1mol/L KSCN溶液，观察颜色变化，写出相应的化学反应式。

（五）Fe^{2+}的检出

取1滴试液加到点滴板凹穴中，再加1滴2mol/L盐酸和1滴mol/L $K_3[Fe(CN)_6]$溶液，如有蓝色沉淀产生，表示有Fe^{2+}存在，写出相应的化学反应式。

（六）Cu^{2+}的检出

当Cu^{2+}的量较少时，可用比生成$[Cu(NH_3)_4]^{2+}$更灵敏的亚铁氰化钾法检出。在试管中加入2滴Cu^{2+}试液、2滴2mol/L HAc及2滴0.1mol/L $K_4[Fe(CN)_6]$溶液，即生成红褐色的$Cu_2[Fe(CN)_6]$沉淀。碱能使$Cu_2[Fe(CN)_6]$分解生成淡蓝色的$Cu(CN)_2$，故反应需在弱酸性溶液中进行。写出相应的化学反应式。

（七）Zn^{2+}的检出

取2滴Zn^{2+}试液于试管中，加入0.02%$CoCl_2$溶液和$(NH_4)_2[Hg(SCN)_4]$溶液各2滴，用玻璃棒摩擦试管内壁，如有蓝色或浅蓝色沉淀生成，表示有Zn^{2+}存在。蓝色沉淀是$Zn[Hg(SCN)_4]$和$Co[Hg(SCN)_4]$的混晶。相应的化学反应式为

$$Zn^{2+}+Hg(SCN)_4^{2-}=\!=\!=Zn[Hg(SCN)_4]\downarrow$$

$$Co^{2+}+Hg(SCN)_4^{2-}=\!=\!=Co[Hg(SCN)_4]\downarrow$$

（八）Cu^{2+}、Ag^+、Zn^{2+}混合离心分析

以下是Cu^{2+}、Ag^+、Zn^{2+}分离过程示意图。

$$\left.\begin{array}{l}Ag^+\\Zn^{2+}\\Cu^{2+}\end{array}\right\}\xrightarrow{HCl}\left\{\begin{array}{l}AgCl\downarrow\xrightarrow{\text{浓 }NH_3\cdot H_2O}[Ag(NH_3)_2]^+\\ \left.\begin{array}{l}Zn^{2+}\\Cu^{2+}\end{array}\right\}\xrightarrow{NaOH}\left\{\begin{array}{l}ZnO_2^{2-}\xrightarrow{HCl}Zn^{2+}\\Cu(OH)_2\downarrow\xrightarrow{HCl}Cu^{2+}\end{array}\right.\end{array}\right.$$

(1) 取Cu^{2+}、Ag^+、Zn^{2+}的试液混合液10～15滴，加2mol/L HCl，即有沉淀产生，离心分离。

(2) Ag^+的检出：在分离出的沉淀中，加入浓$NH_3\cdot H_2O$至沉淀溶解。在该溶液中加入HNO_3，这时有白色AgCl沉淀析出，确证Ag^+的存在。写出相应的化学反应式。

(3) 往(1)的离心清液中，加入过量的2mol/L NaOH，有沉淀生成，离心分离，即可达到分离Zn^{2+}和Cu^{2+}的目的。

(4) 取出(3)中的离心液加HCl酸化，即可用来检验Zn^{2+}，将(3)余留的沉淀加HCl溶解后，即可用来检验Cu^{2+}存在。

（九）NO_3^-的检出

在浓H_2SO_4的存在下，NO_3^-与Fe^{2+}反应生成NO，NO遇Fe^{2+}形成配离子$[Fe(NO)]^{2+}$（形成棕色环）。相应的化学反应式如下

$$NO_3^-+3Fe^{2+}+4H^+=\!=\!=3Fe^{3+}+NO+H_2O$$

$$Fe^{2+} + NO \longrightarrow [Fe(NO)]^{2+}$$

取 1 滴 NO_3^- 试液置于点滴板凹穴中，在溶液的中央放入一小粒 $FeSO_4$ 结晶，往结晶上加 2 滴浓 H_2SO_4。如结晶周围有棕色环出现，表示有 NO_3^- 存在。

（十）PO_4^{3-} 的检出

取 3 滴 PO_4^{3-} 试液置于试管中，滴入 1 滴 6mol/L HNO_3 及 8～10 滴 0.1mol/L $(NH_4)_2MoO_4$ 溶液，即有黄色沉淀产生，相应的化学反应式如下

$$PO_4^{3-} + 12MoO_4^{2-} + 3NH_4^+ + 24H^+ \longrightarrow (NH_4)_3PO_4 \cdot 12MoO_3 \cdot 6H_2O \downarrow + 6H_2O$$

（十一）SO_3^{2-} 的检出

取 8～10 滴试液，置于验气瓶中，在环圈上悬 10 滴 0.01mol/L $KMnO_4$ 溶液，试管中加入 5 滴 6mol/L 盐酸，迅速将塞子塞上。注意勿使环端与试管壁接触，若 $KMnO_4$ 褪色，表示有 SO_3^{2-} 存在。注意 S^{2-}、$S_2O_3^{2-}$ 对该鉴定有干扰。

实验3.6　中和热的测定

一、实验目的

（1）用量热法测定HCl与NaOH、HAc和NaOH的中和热，并掌握测定中和热的原理和基本操作方法。

（2）学会通过作时间-温度曲线，用外推法求温度差。

二、实验原理

化学反应中所吸收或放出的热量叫作化学反应的热效应(ΔH)。酸碱中和反应焓变ΔH为负值，可使系统升温。将某个中和反应置于一个较为密闭的系统中，通过测定温度变化，就能算出该中和反应的热效应。

图3-1为测定反应热而设计的量热计。它是一个保温杯，瓶胆具有真空隔热作用，紧扣的盖上凿两个洞，一个插精密温度计，一个插环状搅拌棒，它们都用橡皮塞或橡皮管套紧，使保温杯尽量不与外界发生热交换。

反应放出的热量引起量热计和反应液温度的升高。理论上，反应放出的热量应当等于反应液得到的热量和量热计所得的热量之和。计算公式为

$$Q=(mC_{H_2O}+C_{计})\times\Delta T$$

式中，m为反应液的质量；C_{H_2O}为反应液的热容；$C_{计}$为量热计热容；ΔT为温度变量；$C_{计}$和ΔT可以通过实验测出。由于反应时整个系统比周围环境温度高，尽管密闭，总会有部分热量散失。因此，实验读到的最高温度并非系统按照Q值可以达到的最高温度，实验得到的温度总是偏低。采取时间-温度作图，然后用外推法求出系统的最高温度，可以减少实验方法的误差(图3-2)。

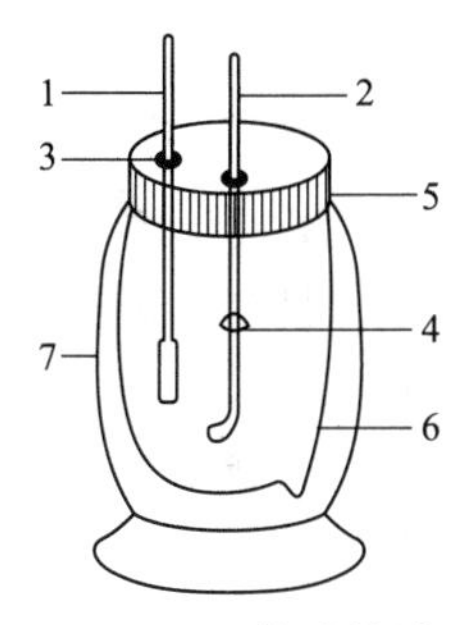

图3-1　量热计构造

1—温度计；2—搅拌棒；3—橡皮塞；4—橡皮筋；5—保温杯盖；6—保温杯胆；7—保温杯外壳

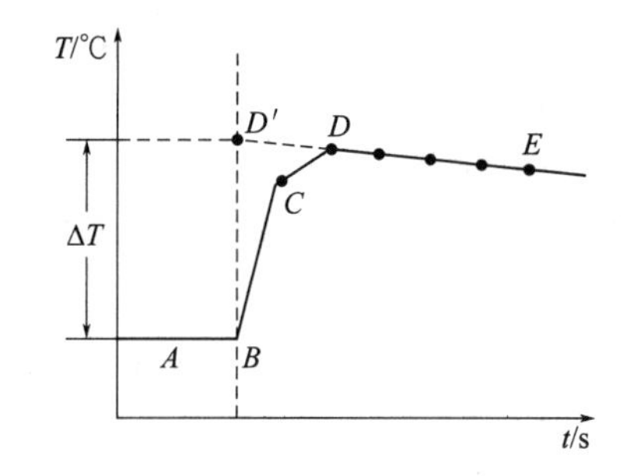

图3-2　外推法求中和反应的ΔT

每隔一定时间记录一次温度，然后绘制反应的时间-温度曲线。AB是反应前的温度，C是反应中的温度，DE是反应完成后的温度下降曲线。显然用C或D作为反应后体系上升的最高温度是不合适的。反向延长DE，与通过开始反应时刻B点、垂直于横坐标的垂线BD'相交于D'点，D'所对应的温度才是反应后系统的最高温度，由此得出ΔT。作图时应注意：

（1）DE作为温度下降曲线，一定要画准确，否则外推出的D'点将不准。尤其是测定量热计的热容时，误差会很大。

（2）纵坐标以温度确定长度单位时，可根据测定的具体数值将其放大标明，而不要拘泥

于从“0”开始。

三、仪器与试剂

量热计、精密温度计、秒表、量筒、吸水纸等。

1.0mol/L NaOH、1.0mol/L HCl、1.0mol/L HAc。

四、实验步骤

（一）测定量热计的热容

测定量热计热容的方法是将一定量的热水，加入到盛有一定量冷水的量热计中，热水失去的热量等于冷水和量热计得到的热量。

（1）按图 3-1 所示装好量热计(注意勿使温度计与杯底接触)。在量热计中放入 70mL 蒸馏水，盖好盖子，等系统达到平衡时，记下温度(精确到 0.1℃)。

（2）在一干净烧杯中放入 70mL 蒸馏水，在石棉网上加热到室温以上 15～20℃左右，离开火源稍停 1～2min，迅速记录热水温度并将其全部倒入量热计中(注意勿使水溅在量热计外缘)，盖好盖子，上下均匀搅动搅拌棒。

（3）迅速观察温度变化。一人看秒表、作记录；一人右手提搅拌棒，左手轻握温度计读数。最初每隔 3s 读一次数据，5 次数据读完，可每隔 15s 读一次，然后类似图 3-2，作出量热计热容的温度-时间曲线图，用外推法确定混合后的最高温度 $T_{混合}$ 及 ΔT（ΔT＝混合温度－冷水温度)，注意 $T_{热}-T_{混合}>\Delta T_{混合}$，否则 $T_{混合}$ 有问题，检查外推法作图。

（4）计算量热计的热容。

$$Q=(\text{热水温度}-\text{混合温度})\times 70\times 1$$
$$=70\times\Delta T\times 1+C_{计}\times\Delta T$$
$$C_{计}=\frac{[(T_{热}-T_{混合})-\Delta T]\times 70\times 10^{-3}}{\Delta T}\times 4.18\text{kJ/K}$$

（二）测定 HCl 和 NaOH 反应的中和热

（1）量取 70mL 1.0mol/L NaOH 溶液倒入量热计中。再量取 70mL 1.0mol/L HCl 于量筒中，静置 3min，然后分别用量热计上的精密温度计与另一温度计同时记录下酸、碱溶液此时的温度。要求两溶液温度之差在 0.5℃以内，否则要校对温度计或使刚测过的量热计冷至室温(为了节省时间，常常先测定量热计热容、后测定 HCl 和 NaOH 反应的中和热)。

（2）打开量热计的盖子，迅速准确将全部盐酸溶液倒入杯中，盖好盖子，在轻轻搅拌的同时，迅速记录温度，方法同(1)。用外推法确定 $T_{混合}$ 及 ΔT，计算中和热。注意若 HCl 或 NaOH 浓度不都是 1.0mol/L 时应按浓度较小的溶液求出反应所生成的 H_2O 量(用物质的量表示)，并计算出 1.0mol/L 酸碱反应的中和热。

（三）测定 HAc 和 NaOH 反应的中和热

用 1.0mol/L HAc 溶液代替 1.0mol/L HCl，按照实验步骤 2 进行操作，最后计算 HAc 和 NaOH 的反应中和热。

五、数据处理

（一）量热计的热容

冷水温度 $T_{冷}$ ________K；热水温度 $T_{热}$ ________K；

用外推法测得 $T_{混合}$ ________K；ΔT ________K；量热计的热容________kJ/K。

（二）盐酸和 NaOH 的中和热

NaOH 溶液的温度________K；盐酸的温度________K；

用外推法得到的 $T_{混合}$________K；ΔT________K；

溶液与量热计共得到的热量$(140+C_{计})\times\Delta T$________kJ；

NaOH 与 HCl 反应生成 H_2O 的物质的量________mol；

生成 1mol H_2O 所放出的热量________kJ/ mol；

理论值 13.8×4.18kJ/mol，相对误差________%。

（三）HAc 和 NaOH 中和热

与“（二）盐酸和 NaOH 的中和热”类似，只要将 HCl 换成 HAc。已知 HAc 与 NaOH 中和热的理论值为 13.3×4.18kJ/mol，作出数据和分析。

六、思考题

（1）1 mol HCl 与 1 mol H_2SO_4，被碱完全中和时放出的热量是否相同？

（2）中和热除与温度有关外，与溶液浓度有无关系？

（3）下列情况对实验结果有没有关系？

① 每次实验时，若量热计温度与溶液起始浓度不一致。

② 量热计没洗干净或洗后没擦干。

③ 两支温度计未加校正。

实验 3.7 氯化钠的提纯

一、实验目的

（1）掌握提纯 NaCl 的原理和方法。

（2）学习溶解、沉淀、减压过滤、蒸发浓缩、结晶和烘干等基本操作。

（3）了解 SO_4^{2-}、Ca^{2+}、Mg^{2+} 等离子的定性鉴定。

二、实验原理

化学试剂或医药用的 NaCl 都是以粗食盐为原料提纯的。粗食盐中含有 Ca^{2+}、Mg^{2+}、K^+、SO_4^{2-} 等可溶性杂质和泥沙等不溶性杂质。选择适当的试剂可使 Ca^{2+}、Mg^{2+}、SO_4^{2-} 等离子生成沉淀而除去。一般是先在食盐溶液中加入 $BaCl_2$ 溶液，除去 SO_4^{2-}

$$Ba^{2+} + SO_4^{2-} = BaSO_4(s)\downarrow$$

然后在溶液中加入 Na_2CO_3 溶液，除去 Ca^{2+}、Mg^{2+} 和过量的 Ba^{2+}

$$Ca^{2+} + CO_3^{2-} = CaCO_3(s)\downarrow$$

$$4Mg^{2+} + 5CO_3^{2-} + 2H_2O = Mg(OH)_2\downarrow + 3MgCO_3(s)\downarrow + 2HCO_3^-$$

$$Ba^{2+} + CO_3^{2-} = BaCO_3(s)\downarrow$$

过量的 Na_2CO_3 溶液用盐酸中和。粗食盐中的 K^+ 与这些沉淀剂不起作用，仍留在溶液中。由于 KCl 的溶解度比 NaCl 大，而且在粗食盐中的含量较少，所以在蒸发浓缩食盐溶液的过程中，NaCl 结晶出来，KCl 仍留在母液中。

三、仪器与试剂

烧杯、蒸发皿、长颈漏斗、玻璃棒、酒精灯(或电炉)、漏斗架、布氏漏斗及吸滤瓶等。

2mol/L HCl、1mol/L HAc、2mol/L NaOH、1mol/L $BaCl_2$、1mol/L Na_2CO_3、饱和 Na_2CO_3、饱和 $(NH_4)_2C_2O_4$、镁试剂 Ⅰ(0.001g 对硝基苯偶氮间苯二酚溶于 100mL 1mol/L NaOH 溶液中)、pH 试纸和粗食盐等。

四、实验步骤

（一）溶解粗食盐

称取 8g 粗食盐于 100mL 烧杯中，加 30mL 水，加热搅拌使粗食盐溶解(不溶性杂质沉于底部)。

（二）除去 SO_4^{2-}

加热溶液至近沸，边搅拌边逐滴加入 1mol/L $BaCl_2$ 溶液约 2mL。继续加热 5min，使沉淀颗粒长大而易于沉降。

（三）检查 SO_4^{2-} 是否除尽

将烧杯从石棉网上取下，待沉淀沉降后，在上层清液中加 1～2 滴 1mol/L $BaCl_2$ 溶液，如果出现浑浊，表示 SO_4^{2-} 尚未除尽，需继续加 $BaCl_2$ 溶液以除去剩余的 SO_4^{2-}。如果不浑浊，表示 SO_4^{2-} 已除尽。过滤，弃去沉淀。

（四）除去 Mg^{2+}、Ca^{2+}、Ba^{2+} 等阳离子

将所得的滤液加热至近沸。边搅拌边滴加 1mol/L 的 Na_2CO_3 溶液，直至不再产生沉淀为止。再多加 0.5mL Na_2CO_3 溶液，静置。

（五）检查 Ba^{2+} 是否除尽

在上层清液中，加几滴饱和 Na_2CO_3 溶液，如果出现浑浊，表示 Ba^{2+} 未除尽，需在原

溶液中继续加 Na_2CO_3 溶液直至除尽为止。过滤，弃去沉淀，保留滤液。

（六）除去过量的 CO_3^{2-}

往溶液中滴加 2mol/L HCl，加热搅拌，中和到溶液的 pH 值约为 2～3(用 pH 试纸检查)。

（七）浓缩与结晶

把溶液倒入 100mL 烧杯中，蒸发浓缩到有大量 NaCl 结晶出现(约为原体积的 1/4)。冷却，吸滤。然后用少量蒸馏水洗涤晶体，抽干。

将氯化钠晶体转移到蒸发皿中，在石棉网上用小火烘干(为防止蒸发皿摇晃，在石棉网上放置一个泥三角)。冷却后称量，计算产率。

（八）产品纯度的检验

取产品和原料各 1g，分别溶于 5mL 蒸馏水中，然后进行下列离子的定性检验：

（1）SO_4^{2-}　各取溶液 1mL 于 10mL 试管中，分别加入 2 滴 2mol/L HCl 溶液和 2 滴 1mol/L $BaCl_2$ 溶液。比较两溶液中沉淀产生的情况。

（2）Ca^{2+}　各取溶液 1mL 于 10mL 试管中，加入 4 滴 1mol/L HAc 使呈酸性，再分别加入 3～4 滴饱和$(NH_4)_2C_2O_4$ 溶液，若有白色 CaC_2O_4 沉淀产生，表示有 Ca^{2+} 存在(该反应可作为 Ca^{2+} 的定性鉴定)。比较两溶液中沉淀产生的情况。

（3）Mg^{2+}　各取溶液 1mL 于 10mL 试管中，加 5 滴 2mol/L NaOH 溶液和 2 滴镁试剂Ⅰ，若有天蓝色沉淀生成，表示有 Mg^{2+} 存在(该反应可作为 Mg^{2+} 的定性鉴定)。比较两溶液的颜色。

五、思考题

（1）在除去 Ca^{2+}、Mg^{2+}、SO_4^{2-} 时，为什么要先加入 $BaCl_2$ 溶液，然后再加入 Na_2CO_3 溶液？

（2）为什么用 $BaCl_2$(毒性很大）而不用 $CaCl_2$ 除去 SO_4^{2-}？

（3）在除去 Ca^{2+}、Mg^{2+}、Ba^{2+} 等离子时，能否用其他可溶性碳酸盐代替 Na_2CO_3？

（4）在用 HCl 除 CO_3^{2-} 时，为什么要把溶液的 pH 值调到 2～3？调至恰为中性是否可行？(提示：从溶液中 H_2CO_3、HCO_3^- 和 CO_3^{2-} 浓度的比值与 pH 值的关系去考虑。)

实验 3.8 五水合硫酸铜的制备和提纯

一、实验目的

(1) 通过 $CuSO_4$ 的提纯，加深对有关理论知识的理解。

(2) 熟悉溶解、加热、过滤、蒸发、结晶等无机制备中的基本操作。

二、实验原理

粗硫酸铜中含有不溶性杂质和可溶性杂质如 $FeSO_4$、$Fe_2(SO_4)_3$ 等，前者可以通过过滤法除去，杂质 $FeSO_4$ 需用 H_2O_2 或 Br_2 水将 Fe^{2+} 氧化成 Fe^{3+} 后，调溶液的 pH 值为 4 左右，使 Fe^{3+} 水解为 $Fe(OH)_3$ 沉淀而除去，其反应方程式如下：

$$2FeSO_4 + H_2SO_4 + H_2O_2 = Fe_2(SO_4)_3 + 2H_2O$$

$$Fe_2(SO_4)_3 + 6H_2O \xlongequal{pH=4} 2Fe(OH)_3 \downarrow + 3H_2SO_4$$

除去铁离子后的滤液，用 KSCN 检验如无 Fe^{3+} 存在，即可蒸发结晶，其他微量可溶性杂质在硫酸铜结晶时，仍留在母液中，过滤时可与硫酸铜分离。

三、仪器试剂

托盘天平、研钵、长颈漏斗及漏斗架、布氏漏斗、吸滤瓶、蒸发皿、100mL 烧杯、酒精灯、三脚架、石棉网、试管夹。

2mol/L 盐酸、1mol/L H_2SO_4、2mol/L 氨水、2mol/L NaOH、1mol/L KSCN、3% H_2O_2、滤纸、pH 试纸、粗硫酸铜。

四、实验步骤

(1) 称取 5.0g 已研细的粗硫酸铜放入 100mL 的烧杯中，加入 20mL 蒸馏水，放在石棉网上加热，用玻璃棒搅动促其溶解。

(2) 于上一步所得溶液中滴加 1mL 的 1mol/L H_2SO_4 和 2mL 的 3% H_2O_2 溶液，搅匀，将溶液继续加热，同时逐滴加入 2mol/L NaOH 溶液直至 pH 值为 4 左右(取 pH 试纸一条，用玻璃棒蘸少许溶液与 pH 试纸一端接触后，与 pH 试纸标准卡颜色比较，确定溶液 pH 值的大小)，再加热 1～2min，停止加热，使 $Fe(OH)_3$ 沉降。用倾析法在普通滤纸上趁热过滤，滤液收集于清洁的蒸发皿中。

(3) 加 1mol/L H_2SO_4 于滤液中调至 pH 值为 1～2，然后在石棉网上加热、蒸发、浓缩至液面刚出现一层结晶膜时，即停止加热。

(4) 自然冷却至室温后，用布氏漏斗进行减压过滤，尽量抽干。

(5) 停止抽滤，取出晶体，把它夹在两层滤纸中，吸干晶体表面上的水分，抽滤瓶中的母液倒入回收瓶中。

(6) 在托盘天平上称出结晶质量，观察晶体外形，计算产率，回收产品。

(7) 硫酸铜纯度检验

① 称 1.0g 已提纯的硫酸铜放入一干净的小烧杯中，加 10mL 蒸馏水溶解，加入 1mL 1mol/L H_2SO_4 酸化(可用 pH 试纸测定)，再加入 2mL 3% H_2O_2，煮沸 1～2min，使 Fe^{2+} 氧化为 Fe^{3+}。

② 冷却后，在搅拌下逐滴加入 6mol/L 氨水，直至生成蓝色沉淀全部溶解，溶液呈深蓝色为止，其反应为

$$Fe^{3+} + 3NH_3 + 3H_2O = Fe(OH)_3 \downarrow + 3NH_4^+$$

$$2CuSO_4 + 2NH_3 + 2H_2O = Cu_2(OH)_2SO_4 \downarrow (\text{蓝色}) + (NH_4)_2SO_4$$

$$Cu_2(OH)_2SO_4 + (NH_4)_2SO_4 + 6NH_3 = 2[Cu(NH_3)_4]SO_4 + 2H_2O$$

③ 过滤，用滴管将6mol/L氨水滴至滤纸上，洗涤，直至滤纸上的蓝色洗去为止，弃去滤液。

④ 用滴管将3mL热的2mol/L盐酸滴在滤纸上以溶解$Fe(OH)_3$，通过滤纸的溶液收集于一干净的试管中，若一次不能完全溶解，可将滤下的滤液加热，再滴至滤纸上。

⑤ 在滤液中滴一滴1mol/L KSCN，观察血红色的产生：

$$Fe^{3+} + 6SCN = [Fe(SCN)_6]^{3-}(\text{血红色})$$

Fe^{3+}愈多，红色愈深，可根据红色的深浅评定产品的纯度。若残留Fe^{3+}过多，则需二次提纯。

五、思考题

(1) 本实验关键的操作是哪几步？如何避免失误？

(2) 提纯过程中为什么不用HCl或HNO_3酸化？

实验 3.9　硫酸亚铁铵的制备

一、实验目的

（1）了解复盐的制备方法。

（2）练习水浴加热和减压过滤等基本操作。

二、实验原理

铁屑可溶于稀硫酸中，生成硫酸亚铁

$$Fe + H_2SO_4 \longrightarrow FeSO_4 + H_2\uparrow$$

硫酸亚铁与等物质的量的硫酸铵在水溶液中相互作用，即生成溶解度较小的浅蓝绿色硫酸亚铁铵 $FeSO_4 \cdot (NH_4)_2SO_4 \cdot 6H_2O$ 复盐晶体。

$$FeSO_4 + (NH_4)_2SO_4 + 6H_2O \longrightarrow FeSO_4 \cdot (NH_4)_2SO_4 \cdot 6H_2O$$

一般亚铁盐在空气中都易被氧化，但形成复盐后比较稳定，不易被氧化。

三、仪器与试剂

托盘天平、电子天平、电炉、150mL 锥形瓶、100mL 烧杯、500mL 烧杯、酒精灯、真空泵、布氏漏斗。

铁屑、10% Na_2CO_3、6mol/L H_2SO_4、$(NH_4)_2SO_4$、3mol/L HCl、KSCN 溶液、滤纸。

四、实验步骤

（一）铁屑的净化(去油污)

称取 4g 铁屑，放在锥形瓶中，加 10% Na_2CO_3 溶液 20mL，缓缓加热约 10min，用倾析法除去碱液，用水把铁屑冲洗干净。

（二）硫酸亚铁的制备

往装有净化了铁屑的锥形瓶中加入 20mL 6mol/L H_2SO_4，在水浴中加热，使铁屑与硫酸反应至不再有气泡冒出为止。趁热减压过滤，滤液转至蒸发皿中。将锥形瓶中和滤纸上的铁屑及残渣洗净，收集起来用滤纸吸干后称重。算出已反应的铁屑的量，并算出生成的硫酸亚铁($FeSO_4$）的理论产量。

（三）硫酸亚铁铵的制备

根据上一步计算出来的硫酸亚铁的理论产量，大约按照 $FeSO_4$ 与$(NH_4)_2SO_4$ 质量比为 1∶0.75 的比例，称取固体硫酸铵若干克，并制成饱和溶液(实验预习时查阅手册，根据其溶解度来配制)，加到硫酸亚铁溶液中。在水浴上蒸发浓缩至表面出现晶体膜，放置，让其慢慢冷却，即得硫酸亚铁铵晶体。用倾析法除去母液，把晶体在表面皿上晾干，称重，计算产率。

（四）产品检验

铁(Ⅲ）的限量分析：称 1g 样品置于 25mL 比色管中，用 15mL 不含氧的蒸馏水溶解之。加入 2mL 3mol/L HCl 和 1mL KSCN 溶液，继续加不含氧的蒸馏水至 25mL 刻度。摇匀，所呈现的红色不得深于标准。

标准：取含有下列数量 Fe^{3+} 的溶液 15mL。

Ⅰ级试剂：0.05mg

Ⅱ级试剂：0.10mg

Ⅲ级试剂：0.20mg

然后与样品同样处理（Fe^{3+} 标准溶液由实验室准备）。

五、思考题

（1）计算硫酸亚铁铵的产率时，应该以 $FeSO_4$ 的用量为准，还是以 $(NH_4)_2SO_4$ 用量为准？为什么？

（2）如何制备不含氧的蒸馏水？为什么配制样品溶液时一定要用不含氧的蒸馏水？

实验 3.10 PbI_2 溶度积常数的测定

一、实验目的

（1）了解溶度积常数的意义及其计算方法。

（2）掌握用目视比色法测定溶液中 I^- 浓度的原理和方法。

（3）掌握离心机的使用方法。

（4）掌握吸量管的使用方法。

二、实验原理

Pb^{2+} 和 I^- 在溶液中可生成 PbI_2 沉淀，离心分离将 PbI_2 沉淀反复用蒸馏水洗涤数次，弃去洗涤液。向沉淀中加入一定量的蒸馏水，充分摇匀，使沉淀溶解达到平衡

$$PbI_2 \underset{\text{沉淀}}{\overset{\text{溶解}}{\rightleftharpoons}} Pb^{2+} + 2I^-$$

平衡时的溶液是饱和溶液，在一定温度下，PbI_2 饱和溶液中的 Pb^{2+} 与 I^- 的浓度幂的乘积是一个常数，称为 PbI_2 的溶度积常数，用 $K_{sp}^{\ominus}$ 表示。

$$[Pb^{2+}][I^-]^2 = K_{sp}^{\ominus}$$

本实验是用蒸馏水溶解 PbI_2 沉淀使之达到平衡，取其饱和溶液，在酸性条件下，用 $NaNO_2$ 氧化 I^- 为 I_2，加淀粉溶液使之呈蓝色，与碘标准溶液系列比色，求出 I^- 浓度，并由 I^- 的浓度算出 Pb^{2+} 的浓度，最后计算出 PbI_2 的 $K_{sp}^{\ominus}$。

三、仪器试剂

奈氏比色管 1 套 8 支、10mL 移液管 2 支、1mL 吸量管 1 支、30mL 试管 1 支、离心试管 2 支、小漏斗 1 只、漏斗架 1 个、离心机、定量滤纸。

0.012mol/L $Pb(NO_3)_2$、0.03mol/L KI、0.02mol/L $NaNO_2$、6mol/L HCl、100μg/mL I^- 标准溶液和 0.5 %淀粉溶液。

四、实验步骤

取 0.01mol/L $Pb(NO_3)_2$ 和 0.03mol/L KI 溶液各 5mL（或 10mL，视试管大小而定）置于离心试管中，充分摇动，离心分离，弃去上层清液。向沉淀中加约 2mL 蒸馏水，充分搅动，离心分离，这样反复洗涤三次，以得到纯净的 PbI_2 沉淀。再向沉淀中加蒸馏水到离心试管 2/3 处，塞上橡皮塞，充分摇动 15min，放置 20min（放置时间稍长一些更好）后，用双层定量滤纸过滤，滤液收集在一支干燥清洁的试管中。用 1mL 吸量管吸取滤液 1.00mL，放入洁净的比色管中，加入 2 滴 6mol/L 盐酸、1mL 0.02mol/L $NaNO_2$，摇匀，加 2mL 0.5%淀粉溶液，摇匀，并用蒸馏水稀释到 25mL 刻度线，充分摇匀后与碘标准溶液系列比色，测出 I^- 的浓度。

碘标准溶液系列的配制：取 6 支洗净的奈氏比色管，用移液管分别加入 0.00mL、1.00mL、2.00mL、3.00mL、4.00mL、5.00mL 100μg/mL 的碘标准溶液，各加入 2 滴 6mol/L 盐酸、1mL 0.02mol/L $NaNO_2$，摇匀，再加入 2mL 0.5%淀粉溶液，摇匀，用蒸馏水稀释到 25mL 刻度线，充分摇匀。注意向标准溶液系列和被测液中加 $NaNO_2$ 和淀粉时，要使显色时间基本一致，15min 以后比色。

五、数据记录与处理

（1）碘离子浓度（mol/L）按下式计算

$$[I^-]=\frac{\text{测得滤液中碘离子浓度}(\mu g/mL)\times 10^{-6}/10^{-3}}{126.9}$$

（2）铅离子浓度(mol/L) 按下式计算

$$[Pb^{2+}]=\frac{1}{2}[I^-]$$

（3）PbI_2 的溶度积常数

$$K_{sp}^{\ominus}=[Pb^{2+}][I^-]^2$$

通过实验测得 I^- 的浓度，并由 I^- 浓度计算出 Pb^{2+} 浓度和 PbI_2 溶度积常数，再查找出文献中的 PbI_2 溶度积常数值进行比较，讨论产生误差的原因。

六、思考题

（1）用 $Pb(NO_3)_2$ 溶液和 KI 溶液制备 PbI_2 沉淀时，$Pb(NO_3)_2$ 和 KI 的量是否要求完全相等？其二者量的比值在何范围内才为适宜？

（2）在比色过程中，被测液和碘标准溶液在完全相同的条件下显色后，经测定，假如被测液的颜色比碘标准溶液的颜色都要深一些(或浅一些)，该如何处理？

（3）下列情况对实验结果有何影响？

① 用蒸馏水反复洗涤 PbI_2 沉淀后，仍残留有少量的 Pb^{2+} 或 I^-。

② 用双层定量滤纸过滤，其滤液收集于一清洁但没有经过干燥的试管。

实验 3.11 分析天平的称量练习

一、实验目的

(1) 了解电子天平的构造，学会正确的使用方法。

(2) 初步掌握直接法、增量法、减量法的称样方法。

(3) 了解在称量中如何运用有效数字。

二、实验原理

电子天平利用电磁力平衡原理实现称重。即测量物体时采用电磁力与被测物体重力相平衡的原理实现测量，当秤盘上加上或除去被称物时，天平则产生不平衡状态，此时可以通过位置检测器检测到线圈在磁钢中的瞬间位移，经过电磁力自动补偿电路使其电流变化，以数字方式显示出被测物体质量。

操作方法参见"2.2 电子天平的使用方法"。

三、仪器与试剂

电子天平(感量 0.1mg)、50mL 烧杯、称量瓶。

$CuSO_4 \cdot 5H_2O$、Al_2O_3。

四、实验步骤

(一) 了解电子天平的主要组成部件及其作用

参见"2.2 电子天平的使用方法"。

(二) 天平称量前的准备工作

(1) 取下天平罩，叠好放在恰当的地方；

(2) 观察天平的水平泡，检查天平是否水平，如不水平，需调节天平的 2 个螺丝脚调水平；

(3) 检查天平秤盘是否干净，如不干净，用毛刷轻轻刷净秤盘。

(三) 称量练习

本实验要求用减量法称取 0.4～0.6g 的 $CuSO_4 \cdot 5H_2O$，0.32～0.34g 的 Al_2O_3，准确称量到 0.1mg。

(1) 长按"ON/OFF" 键 3s 开机，待自检结束后将天平调零，用纸条取(不能用手直接接触容器) 1 只洁净、干燥的 50mL 烧杯，轻轻放入天平秤盘中央，待读数稳定后，在记录本上记下显示屏上的数据(m_1)，称取烧杯质量(m_1) 的方法叫直接称量法。

(2) 用纸条从干燥器中取一只装有试样的称量瓶，轻轻放入天平秤盘中央，待读数稳定后，记下质量为 m_2。然后自天平中取出称量瓶，在烧杯的上方打开瓶盖，倾斜瓶身，用瓶盖轻轻敲击瓶口上方，使试样缓缓落入上面已称出质量的烧杯中。倾样时，由于初次称量，缺乏经验，根据此质量估计不足的量(为倒出量的几倍)，继续倒出此量。如估计试样接近所需质量时，继续用瓶盖轻轻敲击瓶口上方，同时将瓶身缓缓竖直，盖好瓶盖。将称量瓶放入天平秤盘，准确称量，记为 m_3，则 $G_1 = m_2 - m_3$ 为称量瓶中减少的试样的质量，即称出试样的质量。例如要求称量 0.4～0.6g 试样，若第一次倒出的量为 0.20g(不必称准至小数点后第四位。为什么?)，则第二次应倒出相当于或加倍于第一次倒出的量，其总量即在需要的范围内。称量出 G_1 的方法叫作减量法。

(3) 天平调零后，称出"烧杯＋试样" 的质量，记为 m_4，则烧杯中增加的试样的质量

$G_2=m_4-m_1$。称量出 G_2 的方法叫作增量法。

（4）结果的检验

① $|G_1-G_2|\leqslant 0.0005$g（即 0.5mg）。

② 如不符合要求，分析原因并继续称量。

（5）第一组试样称好后，更换烧杯（或烧杯中样品回收后将其刷净），但不更换称量瓶，重复上述（1）、（2）、（3）步骤，称出第二组、第三组试样的质量，分别记入相应表格中，并按步骤（4）对结果进行检验。

（四）天平复位

称量结束后，长按“ON/OFF”键关闭天平，将天平复位，依序为：取出物体→关闭天平→毛刷刷净天平秤盘→关天平门→罩好天平布罩→整理台面→在天平使用记录本上签字→凳子放回操作台下。

五、实验记录及处理

（1）称取 0.4～0.6g 的 $CuSO_4\cdot 5H_2O$

记录项目	Ⅰ	Ⅱ	Ⅲ
倒出前称量瓶＋试样的质量 m_2/g			
倒出后称量瓶＋试样的质量 m_3/g			
称出试样质量 G_1/g			
烧杯＋试样的质量 m_4/g			
空烧杯的质量 m_1/g			
称出试样质量 G_2/g			
绝对差值 $\lvert G_1-G_2\rvert$/g			

（2）称取 0.32～0.34g 的 Al_2O_3（表格略）

六、思考题

（1）为什么在称量时，要先对天平进行调零？

（2）减量法称量是怎样进行的？增量法的称量又是怎样进行的？它们各有什么优缺点？分别宜在何种情况下采用？

（3）在称量的记录和计算中，如何正确运用有效数字？

实验 3.12 容量器皿的校正

一、实验目的

(1) 学习滴定管、容量瓶、移液管的校正方法，并了解容量器皿校正的意义。

(2) 进一步熟悉分析天平的使用。

二、实验原理

容量器皿的容积不一定与所标出的数值完全符合，在一些要求高的分析中，必须对容量器皿进行校正。校正量器常采用称量法(绝对校正法)，即称量一定体积纯水的质量 m，查得该温度下纯水的密度 ρ，根据公式 $V=m/\rho$ 将水的质量换算成水的体积。不同温度下纯水的密度可由表 3-2 查得。考虑到实验时的条件，将称出的纯水质量换算成体积时，必须考虑以下三方面的因素。

① 水的相对密度(ρ) 随温度的变化而变化；

② 空气浮力对纯水质量(m) 的影响；

③ 温度对玻璃仪器热胀冷缩的影响。

表 3-2 在不同温度下纯水的质量 (空气中用黄铜砝码称量)

温度/℃	1L 水的质量/g	温度/℃	1L 水的质量/g	温度/℃	1L 水的质量/g
0	998.24	14	998.04	28	995.44
1	998.32	15	997.93	29	995.18
2	998.39	16	997.80	30	994.91
3	998.44	17	997.66	31	994.68
4	998.48	18	997.57	32	994.34
5	998.50	19	997.35	33	994.05
6	998.51	20	997.18	34	993.75
7	998.50	21	997.00	35	993.44
8	998.48	22	996.80	36	993.12
9	998.44	23	996.60	37	992.80
10	998.39	24	996.38	38	992.46
11	998.32	25	996.17	39	992.12
12	998.23	26	995.93	40	991.77
13	998.14	27	995.69		

若实际工作中只需知道容量器皿间的相互关系，则可采用相对校正法，如容量瓶与移液管之间，常用相对校正法。

三、仪器

分析天平、50mL 酸式滴定管、250mL 容量瓶、25mL 移液管、50mL 具塞锥形瓶、洗耳球。

四、实验步骤

(一) 滴定管的校正

将具塞的 50mL 锥形瓶洗净并擦干外部，在分析天平上称出其质量，准确记录至小数点后两位。将待校正的酸式滴定管洗净，装满纯水，液面调至“0.00”刻度或略下处，记下准确读数，按正确操作，以每分钟不超过10mL的速度放出约10mL的水(不必恰好等于10.00mL，为什么?）于上述已称重过的锥形瓶中，盖上瓶塞，在分析天平上进行“瓶＋水”的称量(准确到0.01g)，记录数据。两次的质量差即为放出水的质量。

用同样方法称量滴定管从10～20mL、20～30mL、……刻度间放出水的质量。以此实验温度下1mL水的质量来除每次所得水的质量，即得滴定管各部分的实际容积。现将25℃时校正某一滴定管的实验数据列出，供参考。

（二）容量瓶和移液管的相对校正

（1）洗净1支25mL移液管，认真、多次练习移液管的使用方法。

（2）取清洁、干燥的250mL容量瓶1只，用25mL的移液管准确移取纯水10次，放入容量瓶中。然后观察液面最低点是否与标线相切，如不相切，应另作标记。经相互校准后的容量瓶与移液管可配套使用。

五、数据记录及处理

按表3-3的形式作记录，并进行计算处理(记录表格在实验预习时就准备好)。根据实验数据，以滴定管读数为横坐标，总校准容积为纵坐标在坐标纸上作出此滴定管的校准曲线。

表3-3　滴定管的校正实例

水的温度＝25℃　　　　1mL水的质量＝0.9962g

滴定管读数/mL	瓶＋水的质量/g	读出的总容积/mL	总水质量/g	总实际容积/mL	总校准容积/mL
0.03	29.20（空瓶）				
10.13	39.28	10.10	10.08	10.12	＋0.02
20.10	49.19	20.07	19.99	20.07	0.00
30.17	59.27	30.14	30.07	30.18	＋0.04
40.20	69.24	40.17	40.04	40.19	＋0.02
49.99	79.07	49.96	49.87	50.06	＋0.10

六、思考题

（1）具塞50mL小锥形瓶外部为什么要擦干？内部是否也要擦干？为什么要具塞?

（2）将水从滴定管放入锥形瓶中时，应注意哪些操作？影响容量器皿校正的主要因素有哪些?

实验 3.13 酸碱溶液的配制与比较滴定

一、实验目的

(1) 学习酸(碱)式滴定管、锥形瓶等容量器皿的使用。

(2) 学习粗略配制溶液的方法。

(3) 掌握酸碱滴定原理和操作方法。

(4) 了解指示剂变色的原理和学会用指示剂判断终点的方法。

(5) 学会对实验结果的处理及对有效数字的准确运用。

二、实验原理

NaOH 和 HCl 相互滴定，滴定反应方程式为：

$$HCl + NaOH = NaCl + H_2O$$

在化学计量点时溶液 pH=7.0，可选用甲基橙、甲基红、酚酞等多种指示剂指示滴定终点。通常 NaOH 滴定 HCl 时用酚酞作指示剂，HCl 滴定 NaOH 时用甲基橙作指示剂，可使滴定终点的变色较为明显。酸碱比较滴定结果以体积比 $V(NaOH)/V(HCl)$ 表示。

三、仪器与试剂

50mL 酸式滴定管、50mL 碱式滴定管、锥形瓶、烧杯、托盘天平、洗瓶、10mL 量筒、100mL 量筒、500mL 酸(碱)试剂瓶。

浓盐酸(37%)、NaOH(分析纯)、0.1%甲基橙指示剂、0.1%酚酞指示剂、蒸馏水。

四、实验步骤

(一) 粗略配制 0.1mol/L NaOH 和 0.1mol/L HCl 各 500mL

HCl 容易挥发，NaOH 容易吸收空气中的水分和 CO_2，均不能采用直接法配制标准溶液，一般先配成近似浓度的溶液，再用基准物质标定它们的准确浓度。配制方法如下。

(1) 0.1mol/L HCl 溶液的配制　通过计算求出配制 500mL 0.1mol/L HCl 溶液所需浓 HCl(1.19g/mL，约 12mol/L) 的体积。用量筒取所需体积的浓 HCl，加入到预先装有约 100mL 蒸馏水的 500mL 烧杯中，摇匀，并稀释至 500mL，转移至洗净带玻璃塞的试剂瓶中，充分摇匀后贴上标签。

(2) 0.1mol/L NaOH 溶液的配制　通过计算求出配制 500mL 0.1mol/L NaOH 溶液所需的固体 NaOH 的质量，用托盘天平迅速称取所需 NaOH 固体于烧杯中，立即用 500mL 蒸馏水溶解，溶液转移到带橡胶塞的试剂瓶中，充分摇匀后贴上标签。在要求严格的情况下，应使用不含 CO_2 的水。

(二) HCl 溶液滴定 NaOH 溶液，以甲基橙作指示剂

(1) 按照定量分析方法的要求洗净酸式、碱式滴定管各 1 支及 250mL 锥形瓶三只。

(2) 分别将 HCl 溶液、NaOH 溶液装入酸式、碱式滴定管达“0.00”刻度以上，赶走滴定管尖嘴中的气泡，并调整液面至“0.00”刻度线或附近(如“0.10”“0.20”等)，准确记录初读数(准确到 0.01mL)。

(3) 从碱式滴定管放出约 20mL NaOH 溶液于 250mL 锥形瓶中，放出的速度约为 10mL/min，加入 1～2 滴甲基橙指示剂，用 HCl 溶液滴定至终点，即溶液颜色由黄色变为橙色为止。如滴定过量，可以用 NaOH 回滴。

(4) 读取并记录 HCl 溶液和 NaOH 溶液的终读数。

（5）重复以上滴定操作，平行滴定三次。（每次滴定都必须将酸式、碱式滴定管内溶液重新加至“0.00”刻度以上，并调整液面至“0.00”刻度线。）

（6）分别求出体积比$V(NaOH)/V(HCl)$，直至三次测定结果的相对平均偏差在0.2%以内，取其平均值。

（三）NaOH溶液滴定HCl溶液，以酚酞为指示剂

（1）按照定量分析方法的要求准备好酸式、碱式滴定管各1支及250mL锥形瓶三只。

（2）分别将HCl溶液、NaOH溶液装入酸式、碱式滴定管达“0.00”刻度以上，赶走气泡，并调整液面至“0.00”刻度线或附近（如“0.10”“0.20”等），准确记录初读数（准确到0.01mL）。

（3）从酸式滴定管放出约20mL HCl溶液于250mL锥形瓶中，放出的速度约为10mL/min，加入1～2滴酚酞指示剂，用NaOH溶液滴定至终点，即溶液由无色变为微红色（30s内不褪色）为止。

（4）读取并记录HCl溶液和NaOH溶液的终读数。

（5）重复以上滴定操作，平行滴定三次。（每次滴定都必须将酸式、碱式滴定管内溶液重新加至“0.00”刻度以上，并调整液面至“0.00”刻度。）

（6）分别求出体积比$V(NaOH)/V(HCl)$，直至三次测定结果的相对平均偏差在0.2%之内，取其平均值。

五、数据记录及处理

（1）HCl溶液滴定NaOH溶液，以甲基橙作指示剂

记录项目＼次序	Ⅰ	Ⅱ	Ⅲ
$V(NaOH)$ 终读数/mL			
$V(NaOH)$ 初读数/mL			
$V(NaOH)$/mL			
$V(HCl)$ 终读数/mL			
$V(HCl)$ 初读数/mL			
$V(HCl)$/mL			
$V(NaOH)/V(HCl)$			
$\overline{V(NaOH)/V(HCl)}$			
个别测定值的绝对偏差			
平均偏差			
相对平均偏差/%			

（2）NaOH溶液滴定HCl溶液，以酚酞作指示剂

记录项目＼次序	Ⅰ	Ⅱ	Ⅲ
$V(NaOH)$ 终读数/mL			
$V(NaOH)$ 初读数/mL			
$V(NaOH)$/mL			

续表

次序 记录项目	Ⅰ	Ⅱ	Ⅲ
V(HCl) 终读数/mL			
V(HCl) 初读数/mL			
V(HCl)/mL			
V(NaOH)/ V(HCl)			
$\overline{V(\mathrm{NaOH})/V(\mathrm{HCl})}$			
个别测定值的绝对偏差			
平均偏差			
相对平均偏差/%			

六、思考题

(1) 为什么在标准溶液装入洗净的滴定管前要用该溶液润洗 3 次？滴定用的锥形瓶是否也要同样处理？

(2) 滴定完一份试液后，若滴定管中还有足够的标准溶液，是否可以继续滴定下去，不必添加到“0.00” 刻度附近再滴定下一份？

(3) 滴定时加入指示剂的量为什么不能太多？试根据指示剂平衡移动的原理说明。

(4) 为什么用盐酸滴定氢氧化钠时采用甲基橙为指示剂，而用氢氧化钠滴定盐酸时要采用酚酞为指示剂？

实验 3.14　NaOH 标准溶液的标定

一、实验目的

（1）掌握 NaOH 标准溶液浓度的标定方法。

（2）熟练运用减量法称量及滴定操作。

（3）加深了解指示剂变色的原理及终点颜色的判断。

二、实验原理

邻苯二甲酸氢钾具有易获得纯品、易干燥、摩尔质量大等优点，故标定 NaOH 标准溶液时常用酸性物质邻苯二甲酸氢钾（$KHC_8H_4O_4$，常简写为 HKP）作为基准物，其摩尔质量为 204.2g/mol。

邻苯二甲酸氢钾含有一个可解离的 H^+，其 $K_{a2}^{\ominus}=2.9\times10^{-6}$，标定时的反应式为：

$$KHC_8H_4O_4+NaOH = KNaC_8H_4O_4+H_2O$$

酚酞作指示剂，溶液由无色变为微红色，且 30s 不褪色即为滴定终点。（自行计算化学计量点 pH 值，说明为什么采用酚酞为指示剂。）

三、仪器与试剂

电子分析天平、50mL 碱式滴定管、锥形瓶、装有烘干处理过的基准物邻苯二甲酸氢钾的称量瓶。

粗略配制的 0.1mol/L NaOH 标准液 500mL、0.1％酚酞指示剂。

四、实验步骤

（1）在电子分析天平上用减量法从称量瓶中准确称取三份已在 105～110℃烘过一小时以上的分析纯邻苯二甲酸氢钾（准确到小数点后四位），每份 0.4～0.6g，放入已洗净并编号的 250mL 锥形瓶中，用 50mL 左右蒸馏水使之溶解，可稍加热助溶。

（2）加入 1～2 滴酚酞指示剂，用待标定的 NaOH 标准溶液滴定至微红色，30s 内不褪色即为终点，读取终读数。

（3）根据邻苯二甲酸氢钾的质量和所用的 NaOH 标准溶液的体积计算 NaOH 标准溶液的准确浓度。三份测定的相对平均偏差要求小于 0.2 ％，否则应重复测定。

五、数据记录及处理

（1）NaOH 标准溶液的浓度（mol/L）的计算

$$c(NaOH)=\frac{m(HKP)}{M(HKP)\times V(NaOH)\times10^{-3}}$$

（2）NaOH 标准溶液的标定结果

记录项目 ＼ 次序	Ⅰ	Ⅱ	Ⅲ
倒出前称量瓶＋$KHC_8H_4O_4$ 的质量/g			
倒出后称量瓶＋$KHC_8H_4O_4$ 的质量/g			
$KHC_8H_4O_4$ 的质量 m/g			
V(NaOH) 终读数/mL			
V(NaOH) 初读数/mL			

续表

次序 记录项目	Ⅰ	Ⅱ	Ⅲ
$V(NaOH)$/mL			
$c(NaOH)$/(mol/L)			
$\overline{c}(NaOH)$/(mol/L)			
个别测定值的绝对偏差			
平均偏差			
相对平均偏差/%			

六、思考题

（1）在实验中要求称取0.4～0.6g基准物邻苯二甲酸氢钾，依据是什么？称量过多或过少会引起什么问题？

（2）实验中加入50mL蒸馏水用什么量具量取？是否要求准确？为什么？

（3）锥形瓶为什么要编号并要擦干？

实验3.15 氨水中氨含量的测定

一、实验目的

(1) 掌握容量瓶、移液管的洗涤和正确的使用。

(2) 进一步掌握酸碱滴定法的实际应用。

(3) 了解强酸滴定弱碱时返滴定法的应用和指示剂的选择。

二、实验原理

氨水是弱碱，可用强酸滴定。但由于氨易于挥发，故常采用返滴定法，即先加入过量的HCl标准溶液，使氨先与HCl作用，生成相对稳定的NH_4Cl，反应为：

$$HCl(\text{过量})+NH_3\cdot H_2O = NH_4Cl+H_2O$$

然后再用NaOH标准溶液滴定剩余的HCl，滴定反应为：

$$HCl(\text{剩余})+NaOH = NaCl+H_2O$$

返滴定法测定氨水中氨含量的滴定反应虽是强碱滴定强酸，但由于溶液中存在NH_4Cl，化学计量点时溶液中含NH_4Cl和NaCl，pH值约为5.3(请计算验证)，故应选用甲基红指示剂。溶液由红色变为橙黄色或亮黄色即为滴定终点。

三、仪器与试剂

50mL酸式滴定管、50mL碱式滴定管、250mL容量瓶、25mL移液管2支、250mL锥形瓶3只、洗瓶。

0.1%甲基红指示剂、0.1mol/L左右盐酸标准溶液、0.1mol/L左右NaOH标准溶液、未知浓度(1mol/L左右) 氨水试液。

四、实验步骤

(1) 容量瓶和移液管的洗涤、正确使用(见“2.9.2容量瓶的使用”和“2.9.1移液管、吸量管的使用”)。

(2) 稀释：用公用移液管移取氨水试液25.00mL到250mL容量瓶中，稀释、定容、摇匀。

(3) 测定：从酸式滴定管中慢慢放出约40mL盐酸标准溶液于250mL锥形瓶中，准确记录所放盐酸的体积。然后用自备的已洗干净的25mL移液管，从容量瓶中移取已稀释的氨水25.00mL放入已盛有盐酸的锥形瓶中，加入2～3滴甲基红指示剂，摇匀，用NaOH标准溶液滴定剩余的HCl。注意观察终点前后的颜色变化，至溶液由红色变为橙黄色为止，读取终读数并记录。

(4) 重复以上测定3次。计算所给氨水试液中氨的含量，三次平行测定的相对平均偏差要求小于0.2%。

五、数据记录及处理

(1) 氨水试液中氨的含量用$\rho(NH_3)$(以g/100mL为单位) 表示，利用下式计算。

$$\rho(NH_3)=\frac{[c(HCl)\times V(HCl)-c(NaOH)\times V(NaOH)]\times 10^{-3}\times M(NH_3)}{25.00\times\frac{25.00}{250.00}}\times 100$$

（2）氨水中氨含量的测定结果

记录项目 \ 次序	Ⅰ	Ⅱ	Ⅲ
$\overline{c}$(HCl)/(mol/L)			
$\overline{c}$(NaOH)/(mol/L)			
$V(NH_3 \cdot H_2O)$/mL			
V(HCl) 终读数/mL			
V(HCl) 初读数/mL			
V(HCl)/mL			
V(NaOH) 终读数/mL			
V(NaOH) 初读数/mL			
V(NaOH)/mL			
$\rho(NH_3)$/(g/100mL)			
$\overline{\rho}(NH_3)$/(g/100mL)			
个别测定值的绝对偏差			
平均偏差			
相对平均偏差/%			

六、思考题

（1）实验为什么选用甲基红作为指示剂？

（2）为什么在本实验中要采用返滴定法？

（3）实验为什么先加盐酸标准溶液后移入氨水？

实验 3.16　混合碱的测定

一、实验目的

(1) 掌握双指示剂法测定食碱中 Na_2CO_3、$NaHCO_3$ 含量的原理和方法。

(2) 掌握双指示剂法确定滴定终点的方法。

二、实验原理

食碱的主要成分为 $NaHCO_3$，但常含有一定量的 Na_2CO_3，如要分别测定它们的含量，可用双指示剂连续滴定法，也就是同一份样品，在滴定中用两种指示剂来指示两个不同的终点。由于 Na_2CO_3 的碱性比 $NaHCO_3$ 强，所以在它们的混合液中，用 HCl 滴定时，首先是与 Na_2CO_3 中和，只有当 Na_2CO_3 完全变为 $NaHCO_3$ 时，才能进一步和 $NaHCO_3$ 作用。因此可以先用酚酞为指示剂，用 HCl 滴定至 Na_2CO_3 完全生成 $NaHCO_3$(第一化学计量点) 以测定 Na_2CO_3；再以甲基橙为指示剂，继续滴定至 $NaHCO_3$ 变为 CO_2(第二化学计量点)。

用 HCl 溶液滴定 Na_2CO_3 时，其反应包括以下两步：

$$Na_2CO_3 + HCl = NaHCO_3 + NaCl$$

$$NaHCO_3 + HCl = NaCl + H_2CO_3$$

$$H_2CO_3 \rightarrow H_2O + CO_2\uparrow$$

用示意图分析过程如下：

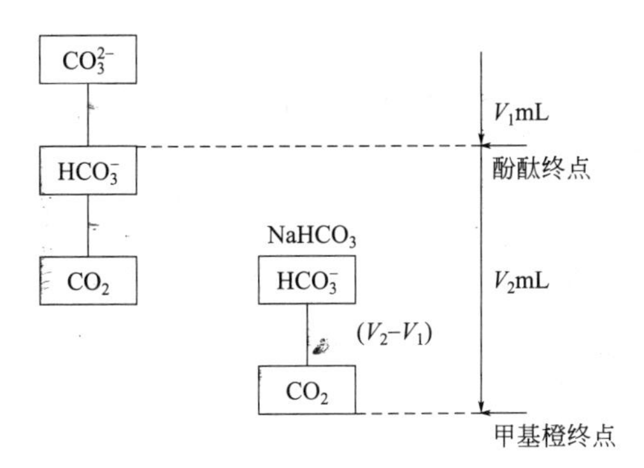

图中 V_1 为 Na_2CO_3 完全转化为 $NaHCO_3$ 所需的 HCl 用量。V_2 为 $NaHCO_3$(包括第一步反应生成的和试样原有的) 完全作用生成 CO_2 所需 HCl 用量。食碱的含量可以用“总碱量”来表示。总碱量指包括滴定的 Na_2CO_3 和 $NaHCO_3$，但是都以 Na_2CO_3 表示。这时消耗的 HCl 用量为 (V_1+V_2)mL。

三、仪器与试剂

分析天平、50mL 酸式滴定管、100mL 烧杯、250mL 容量瓶、25mL 移液管、250mL 锥形瓶。

0.1mol/L HCl 标准溶液、0.1%酚酞指示剂、0.1 %甲基橙指示剂、装有混合碱样品的称量瓶。

四、实验步骤

(1) 准确称取食碱样品约 1.6g(称至 0.1mg)，放入 100mL 的烧杯中，加入少许蒸馏水使之溶解，必要时可稍加热促使其溶解。待冷却后将溶液全部转移到 250mL 的容量瓶中，稀释，定容，摇匀。

（2）用移液管取25.00mL上述配制好的食碱试液，置于250mL的锥形瓶中，加入1～2滴酚酞指示剂，用0.1mol/L HCl标准溶液滴定至红色刚好消失，记录HCl用量V_1。

（3）再加入1～2滴甲基橙指示剂，用HCl继续滴定到溶液由黄色变橙色，记录HCl用量V_2。

（4）计算试样中Na_2CO_3的含量(%)、$NaHCO_3$的含量(%）和以Na_2CO_3的含量(%)表示的总碱度。平行测定3份。

五、数据记录及处理

（1）试样中Na_2CO_3的含量(%)、$NaHCO_3$的含量(%）和以Na_2CO_3的含量(%）表示的总碱度的计算

$$w(Na_2CO_3)=\frac{V_1\times10^{-3}\times c(HCl)\times M(Na_2CO_3)}{m_s\times\frac{25.00}{250.00}}\times100\%$$

$$w(NaHCO_3)=\frac{(V_2-V_1)\times10^{-3}\times c(HCl)\times M(NaHCO_3)}{m_s\times\frac{25.00}{250.00}}\times100\%$$

$$w(\text{总碱量})=\frac{\frac{1}{2}(V_1+V_2)\times10^{-3}\times c(HCl)\times M(Na_2CO_3)}{m_s\times\frac{25.00}{250.00}}\times100\%$$

式中，m_s为试样质量。

（2）试样中Na_2CO_3的含量(%)、$NaHCO_3$的含量(%）和以Na_2CO_3的含量(%）表示的总碱度的测定结果(表格自行设计)。

六、思考题

（1）第一化学计量点到达后，记录下V_1，此时是应将滴定管重新加满还是继续滴定下去？

（2）试解释三个计算式的含义？

实验 3.17 氯化物中氯含量的测定(莫尔法)

一、实验目的

(1) 学习 $AgNO_3$ 标准溶液的配制和标定方法。

(2) 掌握沉淀滴定法中莫尔法测定氯离子的原理和方法。

(3) 准确判断以 K_2CrO_4 为指示剂的滴定终点。

二、实验原理

某些可溶性氯化物中氯含量的测定常采用莫尔法。此方法是在中性或弱碱性溶液中，以 K_2CrO_4 为指示剂，用 $AgNO_3$ 标准溶液进行滴定。由于 AgCl 的溶解度比 Ag_2CrO_4 的小，因此溶液中首先析出 AgCl 沉淀，当 AgCl 定量沉淀后，过量 $AgNO_3$ 溶液即与 CrO_4^{2-} 生成砖红色 Ag_2CrO_4 沉淀，以指示终点。主要化学反应式为

$$Ag^+ + Cl^- \xlongequal{} \underset{\text{(白色)}}{AgCl}\downarrow \qquad (K_{sp}^{\ominus} = 1.8\times10^{-10})$$

$$2Ag^+ + CrO_4^{2-} \xlongequal{} \underset{\text{(砖红色)}}{Ag_2CrO_4}\downarrow \qquad (K_{sp}^{\ominus} = 1.1\times10^{-12})$$

滴定必须在中性或弱碱性溶液中进行，最适宜的 pH 范围为 6.5～10.5。如有 NH_4^+ 存在，溶液 pH 值应控制在 6.5～7.2。酸度过高，不产生 Ag_2CrO_4 沉淀；过低，则形成 Ag_2O 沉淀。

指示剂的用量对滴定终点的准确判断有影响，一般用量以 5×10^{-3}mol/L 为宜。

首先，凡能与 Ag^+ 生成难溶化合物或配位化合物的阴离子，如 PO_4^{3-}、AsO_4^{3-}、SO_3^{2-}、S^{2-}、CO_3^{2-} 及 $C_2O_4^{2-}$ 等离子，都干扰测定，其中 S^{2-} 可经加热煮沸生成 H_2S 而除去，SO_3^{2-} 可经氧化成 SO_4^{2-} 而不干扰测定。大量的 Cu^{2+}、Ni^{2+}、Co^{2+} 等有色金属离子将影响终点的观察。

其次，凡能与 CrO_4^{2-} 生成难溶化合物的阳离子也干扰测定，如 Ba^{2+}、Pb^{2+} 与 CrO_4^{2-} 分别生成 $BaCrO_4$ 和 $PbCrO_4$ 沉淀，但 Ba^{2+} 可通过加入过量 Na_2SO_4 而消除干扰。

另外，Al^{3+}、Fe^{3+}、Bi^{3+}、Sn^{4+} 等高价金属离子，在中性或弱碱性溶液中易水解产生沉淀，也不应存在。若存在，可改用佛尔哈德法测定氯含量。

三、仪器与试剂

电子天平、50mL 酸式滴定管、250mL 容量瓶、25mL 移液管、5mL 吸量管、250mL 锥形瓶、100mL 烧杯、20mL 量筒、100mL 量筒、500mL 棕色试剂瓶。

$AgNO_3$(G. R. 或 A. R.)、5% K_2CrO_4、试样(食盐)。

四、实验步骤

(1) 0.1mol/L $AgNO_3$ 标准溶液的配制

在电子分析天平上准确称取 4.2～4.3g(精确到 0.0001g) 固体 $AgNO_3$ 置于 250mL 烧杯中，用不含 Cl^- 的水 30mL 溶解，将溶液全部转移到 250mL 容量瓶中，摇匀，转入棕色试剂瓶中，待用。置暗处保存，以减缓因见光而分解的作用，计算 $AgNO_3$ 准确的浓度。

(2) 试样分析

准确称取 1.9～2.0g 氯化物试样于烧杯中，加水溶解后，转入 250mL 容量瓶中，定容，摇匀。

准确移取 25.00mL 氯化物试液到 250mL 锥形瓶中，加入 25mL 水，1mL 5% K_2CrO_4

溶液，在不断摇动下，用 $AgNO_3$ 标准溶液滴定，充分摇动，至白色沉淀中呈现砖红色即为终点。平行测定3次。

五、数据记录及处理

(1) $AgNO_3$ 标准溶液浓度(mol/L) 的计算

$$c(AgNO_3)=\frac{m(AgNO_3)}{M(AgNO_3)\times 250.00\times 10^{-3}}$$

试样中 Cl^- 含量(%) 的计算

$$w(Cl^-)=\frac{c(AgNO_3)\times V(AgNO_3)\times 10^{-3}\times M(Cl^-)}{m_s\times \frac{25.00}{250.00}}\times 100\%$$

式中，m_s 为试样质量。

(2) 氯化物中氯含量的测定结果(表格自行设计)。

六、思考题

(1) $AgNO_3$ 溶液应装在酸式滴定管还是碱式滴定管中？为什么？

(2) 滴定中对 K_2CrO_4 指示剂的量是否要控制？为什么？

(3) 滴定中试液的酸度宜控制在什么范围？为什么？怎样调节？有 NH_4^+ 存在时，在酸度控制上为什么要有所不同？

(4) 滴定过程中为什么要充分摇动溶液？

(5) 试将沉淀滴定法指示剂的用量，与酸碱指示剂、氧化还原指示剂及金属指示剂的用量作比较，并说明其差别的原因。

实验 3.18　氯化钡中钡含量的测定(重量分析法)

一、实验目的

（1）了解晶形沉淀的沉淀条件、原理和沉淀方法。

（2）练习沉淀的过滤、洗涤和灼烧的操作技术。

（3）测定 $BaCl_2 \cdot 2H_2O$ 中钡含量，并用换算因数计算测定结果。

二、实验原理

$BaSO_4$ 晶形沉淀重量法，既可用于测定 Ba^{2+}，也可用于测定 SO_4^{2-} 的含量。

称取一定量样品，用水溶解，加稀 HCl 酸化，加热至微沸，在不断搅动下，慢慢地加入热的稀 H_2SO_4，Ba^{2+} 与 SO_4^{2-} 反应，形成晶形沉淀。沉淀以陈化、过滤、洗涤、烘干、炭化、灰化、灼烧后，以 $BaSO_4$ 形式称重，可求出样品中 Ba 的含量。

Ba^{2+} 可生成一系列微溶化合物，如 $BaCO_3$、BaC_2O_4、$BaCrO_4$、$BaHPO_4$、$BaSO_4$ 等，其中以 $BaSO_4$ 溶解度最小，100mL 溶液中，100℃时溶解 0.4mg，25℃时溶解 0.25mg，当过量沉淀剂存在时，溶解度大为减小，一般可以忽略不计。

硫酸钡重量法一般在 0.05mol/L 左右盐酸介质中进行沉淀，它是为了防止产生 $BaCO_3$、$BaHPO_4$、$BaHAsO_4$ 沉淀以及防止生成 $Ba(OH)_2$ 共沉淀。同时，适当提高酸度，增加 $BaSO_4$ 在沉淀过程中的溶解度，以降低其相对过饱和度，有利于获得较好的晶形沉淀。

用 $BaSO_4$ 重量法测定 Ba^{2+} 时，一般用稀 H_2SO_4 作沉淀剂。为了使沉淀完全，H_2SO_4 必须过量。由于 H_2SO_4 在高温下可挥发除去，故沉淀带下的 H_2SO_4 不致引起误差，因此沉淀剂可过量 50%～100%。如果用 $BaSO_4$ 重量法测定 SO_4^{2-} 时，沉淀剂 $BaCl_2$ 过量只允许 20%～30%，因为 $BaCl_2$ 灼烧时不易挥发除去。

$PbSO_4$、$SrSO_4$ 的溶解度均较小，Pb^{2+}、Sr^{2+} 对钡的测定有干扰。NO_3^-、ClO_3^-、Cl^- 等阴离子和 K^+、Na^+、Ca^{2+}、Fe^{3+} 等阳离子，均可以引起共沉淀现象，故应严格掌握沉淀条件，减少共沉淀现象，以获得纯净的 $BaSO_4$ 晶形沉淀。

三、仪器与试剂

电子天平、25mL 瓷坩埚 2～3 个、100mL 烧杯 3 只、定量滤纸(慢速或中速)、沉淀帚 1 把、玻璃漏斗 2 个、坩埚钳、马弗炉(高温电炉)。

0.1mol/L H_2SO_4、1mol/L H_2SO_4、2mol/L HCl、2mol/L HNO_3、0.1mol/L $AgNO_3$、$BaCl_2 \cdot 2H_2O$(A. R.)、钡盐样品。

四、实验步骤

（一）称样及沉淀的制备

准确称取两份 0.4～0.6g $BaCl_2 \cdot 2H_2O$ 试样，分别置于 250mL 烧杯中，加入约 100mL 水、3mL 2mol/L HCl，搅拌溶解，加热至近沸。

另取 4mL 1mol/L H_2SO_4 两份于两个 100mL 烧杯中，加水 30mL，加热至近沸，趁热将两份溶液分别用小滴管逐滴地加入到两份热的钡盐溶液中，并用玻璃棒不断搅拌直至两份 H_2SO_4 溶液加完为止。待 $BaSO_4$ 沉淀下沉后，于上层清液中加入 1～2 滴 0.1mol/L H_2SO_4 溶液，仔细观察沉淀是否完全。沉淀完全后，盖上表面皿(切勿将玻璃棒拿出杯外)，放置过夜陈化。也可将沉淀放在水浴或沙浴上，保温 40min，陈化。

（二）沉淀的过滤和洗涤

按前述操作，用慢速或中速滤纸倾析法过滤。用稀 H_2SO_4（1mol/L H_2SO_4 1mL 加 100mL 水配成）洗涤沉淀 3～4 次，每次约 10mL。然后，将沉淀定量转移到滤纸上，用沉淀帚由上到下擦拭烧杯内壁，并用折叠滤纸时撕下的小片滤纸擦拭杯壁，并将此小片滤纸放于漏斗中，再用稀 H_2SO_4 洗涤 4～6 次，直至洗涤液中不含 Cl^- 为止（检查方法：用试管收集 2mL 滤液，加 1 滴 2mol/L HNO_3 酸化，加入 2 滴 $AgNO_3$，若无白色浑浊产生，表示 Cl^- 已洗净）。

（三）空坩埚的恒重

将两个洁净的磁坩埚放在（800±20）℃的马弗炉中灼烧至恒重。第一次灼烧 40min，第二次后每次灼烧 20min。

（四）沉淀的灼烧和恒重

将折叠好的沉淀滤纸包置于已恒重的瓷坩埚中，经烘干、炭化、灰化① 后，在（800±20）℃② 马弗炉中灼烧至恒重。计算 $BaCl_2 \cdot 2H_2O$ 中 Ba 的含量。

注释：

① 滤纸灰化时空气要充足，否则 $BaSO_4$ 易被滤纸的碳还原为灰黑色的 BaS

$$BaSO_4 + 4C = BaS + 4CO\uparrow$$

$$BaSO_4 + 4CO = BaS + 4CO_2\uparrow$$

如遇此情况，可用 2～3 滴 H_2SO_4（1∶1），小心加热，冒烟后重新灼烧。

② 灼烧温度不能太高，如超过 950℃，可能有部分 $BaSO_4$ 分解

$$BaSO_4 = BaO + SO_3\uparrow$$

五、数据记录及处理

（1）$BaCl_2 \cdot 2H_2O$ 试样中 Ba 含量（%）的计算公式为

$$\omega(Ba) = \frac{m \times \dfrac{M(Ba)}{M(BaSO_4)}}{m_s} \times 100\%$$

式中，m 为 $BaSO_4$ 沉淀的质量；m_s 为试样质量。

（2）$BaCl_2 \cdot 2H_2O$ 中钡含量的测定结果

项目＼次序	Ⅰ	Ⅱ
倒出试样前称量瓶＋试样的质量/g		
倒出试样后称量瓶＋试样的质量/g		
试样质量 m_s/g		
坩埚＋$BaSO_4$ 的质量/g	(1)	
	(2)	
坩埚质量/g	(1)	
	(2)	
滤纸灰分质量/g		
$BaSO_4$ 沉淀的质量 m/g		
$\omega(Ba)$/%		
$\overline{\omega}(Ba)$/%		
相对偏差/%		

六、思考题

(1) 为什么要在稀 H_2SO_4 介质中沉淀 $BaSO_4$？H_2SO_4 加入太多有何影响？

(2) 为什么要在热溶液中沉淀 $BaSO_4$，而要在冷却后过滤？晶形沉淀为何要陈化？

(3) 什么叫倾析法过滤？有什么优点？

(4) 什么叫恒重？怎样才能把灼烧后的沉淀称准？

(5) 加入沉淀剂后，沉淀是否完全应如何检查？

(6) 本实验的误差来源有哪些？如何消除？

实验 3.19 EDTA 标准溶液的配制和标定

一、实验目的

（1）学习 EDTA 标准溶液的配制和标定方法。

（2）掌握配位滴定的原理，了解配位滴定的特点。

（3）熟悉钙指示剂或二甲酚橙指示剂的使用。

二、实验原理

乙二胺四乙酸(简称 EDTA，常用 H4Y 表示）难溶于水，常温下其溶解度为 0.2g/L，在分析中通常使用其二钠盐配制标准溶液。乙二胺四乙酸二钠盐的溶解度为 111g/L，可配成 0.3mol/L 的溶液，其水溶液的 pH≈4.8，通常采用间接法配制标准溶液。

标定 EDTA 溶液常用的基准物有 Zn、ZnO、$CaCO_3$、Bi、Cu、$MgSO_4 \cdot 7H_2O$、Hg、Ni、Pb 等。通常选用其中与被测物组分相同的物质作基准物，使滴定条件较一致，以减小误差。

（1）EDTA 溶液若用于测定水的硬度，宜选用 $MgSO_4 \cdot 7H_2O$ 作为基准物进行标定。

标定 EDTA 时，用 NH_3-NH_4Cl 缓冲溶液调至 pH＝10，加入铬黑 T 指示剂，摇匀后，用 EDTA 溶液滴定至由酒红色变纯蓝色，即为终点。

铬黑 T 简称 EBT，是 O,O'-二羟基偶氮类染料。化学名称是 1-(1-羟基-2-萘偶氮基）-6-硝基-2-萘酚-4-磺酸钠。铬黑 T 溶于水后，磺酸基的 Na^+ 解离，形成离子，解离平衡如下：

$$\underset{\text{紫红色}}{H_2In^-} \xrightleftharpoons{pK_{a1}^{\ominus}=6.3} \underset{\text{蓝色}}{HIn^{2-}} \xrightleftharpoons{pK_{a2}^{\ominus}=11.5} \underset{\text{橙色}}{In^{3-}}$$

$$pH<6.3 \qquad pH=6.3\sim11.6 \qquad pH>11.6$$

铬黑 T 在不同的 pH 值呈现不同的颜色，它与许多金属离子形成的配合物呈紫红色，所以，在滴定系统的 pH<6.3 或 pH>11.6 时，铬黑 T 不能指示滴定终点，理论上只适合在 pH 值为 7～11 时使用。据实验结果，铬黑 T 用作金属指示剂的最佳 pH 范围为 9～11.5。

（2）EDTA 溶液若用于测定石灰石或白云石中 CaO、MgO 的含量，则宜用 $CaCO_3$ 为基准物。

首先可加 HCl 溶液，其反应如下

$$CaCO_3 + 2HCl = CaCl_2 + CO_2\uparrow + H_2O$$

然后把溶液转移到容量瓶中并稀释，制成钙标准溶液。吸取一定量钙标准溶液，调节酸度至 pH≥12，加钙指示剂，用 EDTA 溶液滴定至溶液由酒红色变为纯蓝色，即为终点。

钙指示剂(常以 H_3Ind 表示）在水溶液的解离式

$$H_3Ind = 2H^+ + HInd^{2-}$$

在 pH≥12 的溶液中，$HInd^{2-}$ 与 Ca^{2+} 形成比较稳定的配离子，其反应如下

$$\underset{\text{纯蓝色}}{HInd^{2-}} + Ca^{2+} = \underset{\text{酒红色}}{CaInd^-} + H^+$$

所以在钙标准溶液中加入钙指示剂时，溶液呈酒红色。当用 EDTA 溶液滴定时，由于 EDTA 能与 Ca^{2+} 形成比 $CaInd^-$ 更稳定的配离子，因此在滴定终点附近，$CaInd^-$ 不断转化为较稳定的 CaY^{2-}，而钙指示剂则被游离了出来，其反应可表示如下

$$\underset{\text{酒红色}}{CaInd^-} + H_2Y^{2-} + OH^- = \underset{\text{无色}}{CaY^{2-}} + \underset{\text{纯蓝色}}{HInd^{2-}} + H_2O$$

用此法测定钙，若 Mg^{2+} 共存，当调节溶液酸度为 pH≥12 时，Mg^{2+} 将形成 $Mg(OH)_2$

沉淀，Mg^{2+} 不仅不干扰钙的测定，而且使终点比 Ca^{2+} 单独存在时更敏锐。当 Ca^{2+}、Mg^{2+} 共存时，终点由酒红色到纯蓝色，当 Ca^{2+} 单独存在时则由酒红色到紫蓝色。所以测定单独存在的 Ca^{2+} 时，常常加入少量 Mg^{2+}。

（3）EDTA 溶液若用于测定 Pb^{2+}、Bi^{3+}，则宜以 ZnO 或金属锌为基准物。

此时以二甲酚橙为指示剂，在 pH≈5～6 的溶液中，二甲酚橙指示剂本身显黄色，与 Zn^{2+} 的配合物呈紫红色。EDTA 与 Zn^{2+} 形成更稳定的配合物，因此用 EDTA 溶液滴定至近终点时，二甲酚橙被游离了出来，溶液由紫红色变为黄色。

配位滴定中所用的水，应不含 Fe^{3+}、Al^{3+}、Cu^{2+}、Ca^{2+}、Mg^{2+} 等杂质离子。

三、仪器与试剂

（一）仪器

电子分析天平、50mL 酸式滴定管、50mL 碱式滴定管、250mL 容量瓶、25mL 移液管、250mL 锥形瓶、500mL 试剂瓶、20mL 量筒、台天平。

（二）以 $MgSO_4 \cdot 7H_2O$ 为基准物时所用试剂

乙二胺四乙酸二钠（A. R.）、$MgSO_4 \cdot 7H_2O$（A. R.）、铬黑 T 指示剂、NH_3-NH_4Cl 缓冲溶液（pH≈10）。

（三）以 $CaCO_3$ 为基准物时所用试剂

乙二胺四乙酸二钠（A. R.）、$CaCO_3$（G. R. 或 A. R.）、$NH_3 \cdot H_2O$（1∶1）、镁溶液（溶解 1g $MgSO_4 \cdot 7H_2O$ 于水中，稀释至 200mL）、10% NaOH 溶液、钙指示剂（固体指示剂）。

（四）以 ZnO 为基准物时所用试剂

乙二胺四乙酸二钠（A. R.）、ZnO（G. R. 或 A. R.）、HCl 溶液（1∶1），$NH_3 \cdot H_2O$ 溶液（1∶1）、二甲酚橙指示剂、20%乌洛托品溶液。

四、实验步骤

（一）0.005mol/L EDTA 溶液的配制

在台天平上称取乙二胺四乙酸二钠 0.95g，溶解于 150～200mL 温水中，稀释至 500mL，如浑浊，应过滤。转移至 500mL 试剂瓶中，摇匀。

（二）以 $MgSO_4 \cdot 7H_2O$ 为基准物标定 EDTA 溶液

（1）0.005mol/L 标准镁溶液的配制：用电子天平准确称取 $MgSO_4 \cdot 7H_2O$ 0.25～0.35g（称准至小数点后第四位，为什么？）于小烧杯中，加水溶解，完全转移至 250mL 容量瓶中，稀释，定容，摇匀。

（2）标定：用移液管移取 25.00mL 标准镁溶液，置于 250mL 锥形瓶中，加入约 25mL 水、5mL NH_3-NH_4Cl 缓冲溶液、约 10mg 铬黑 T 指示剂，摇匀，指示剂溶解后，用 EDTA 溶液滴定至由酒红色变纯蓝色，即为终点。平行测定三次。

（三）以 $CaCO_3$ 为基准物标定 EDTA 溶液

（1）0.005mol/L 标准钙溶液的配制：置碳酸钙基准物于称量瓶中，在 110℃ 干燥 2h，于干燥器中冷却后，准确称取 0.12～0.14g（称准至小数点后第四位，为什么？）于小烧杯中，盖以表面皿，加水湿润，再从杯嘴边逐滴加入（注意！为什么？）[①] 数毫升 HCl 溶液（1∶1）至完全溶解，用水把可能溅到表面皿上的溶液淋洗入杯中，加热近沸，待冷却后移入 250mL 容量瓶中，稀释至刻度，摇匀。

（2）标定：用移液管移取 25.00mL 标准钙溶液，置于锥形瓶中，加入约 25mL 水、2mL 镁溶液、5mL10% NaOH 溶液、约 10mg 钙指示剂，摇匀，指示剂溶解后，用 EDTA

溶液滴定至由红色变蓝色，即为终点。平行测定三次。

（四）以 ZnO 为基准物标定 EDTA 溶液

（1）0.005mol/L 锌标准溶液的配制：准确称取在 800～1000℃灼烧过（需 20min 以上）的基准物 ZnO[②] 0.1g 于 100mL 烧杯，用少量水润湿，然后逐滴加入 HCl 溶液（1∶1），边加入边搅至完全溶解为止。然后，将溶液定量转移入 250mL 容量瓶中，稀释至刻度并摇匀。

（2）标定：准确移取 25.00mL 锌标准溶液于 250mL 锥形瓶中，加约 30mL 水，2～3 滴二甲酚橙指示剂，先加 $NH_3 \cdot H_2O$ 溶液（1∶1）至溶液由黄色刚变橙色（不能多加），然后滴加 20% 乌洛托品至溶液呈稳定的紫红色后再多加 3mL[③]，用 EDTA 溶液滴定至溶液由紫红色变亮黄色，即为终点。平行测定三次。

（五）注意事项

（1）配位反应进行的速率较慢（不像酸碱反应能在瞬间完成），故滴定时加入 EDTA 溶液的速度不能太快，在室温低时，尤要注意。特别是近终点时，应逐滴加入，并充分振摇。

（2）配位滴定中，加入指示剂的量是否适当对于终点的观察十分重要，宜在实践中总结经验，加以掌握。

注释：

① 目的是为了防止反应过于激烈而产生 CO_2 气泡，使 $CaCO_3$ 飞溅损失。

② 也可用金属锌作基准物。

③ 此处乌洛托品用作缓冲剂。它在酸性溶液中能生成 $(CH_2)_6N_4H^+$，与过量的共轭碱 $(CH_2)_6N_4$ 构成缓冲溶液，从而能使溶液的酸度稳定在 pH=5～6 的范围内。先加入氨水调节酸度是为了节约乌洛托品，因乌洛托品的价格较昂贵。

五、数据记录及处理

（1）EDTA 标准溶液浓度（mol/L）的计算

$$c(\text{EDTA})=\frac{m(\text{基准物质})}{M(\text{基准物质})\times V(\text{EDTA})\times 10^{-3}}$$

（2）EDTA 标准溶液的标定结果（表格自行设计）

六、思考题

（1）为什么通常使用乙二胺四乙酸二钠盐配制 EDTA 标准溶液，而不用乙二胺四乙酸？

（2）用 HCl 溶液溶解 $CaCO_3$ 基准物的操作中应注意些什么？

（3）以 $CaCO_3$ 为基准物标定 EDTA 溶液时，加入镁溶液的目的是什么？

（4）以 $CaCO_3$ 为基准物，以钙指示剂为指示剂标定 EDTA 溶液浓度时，应控制溶液的酸度为多少？为什么？怎样控制？

（5）以 ZnO 为基准物，以二甲酚橙为指示剂标定 EDTA 溶液浓度的原理是什么？溶液的 pH 值应控制在什么范围？若溶液为强酸性，应怎样调节？

（6）配位滴定法与酸碱滴定法相比，有哪些不同点？操作中应注意哪些问题？

实验 3.20　水的硬度测定(配位滴定法)

一、实验目的

(1) 了解水硬度的测定意义和常用的硬度表示方法。

(2) 掌握 EDTA 法测定水的硬度的原理和方法。

(3) 掌握铬黑 T 和钙指示剂的应用，了解金属指示剂的特点。

二、实验原理

一般含有钙、镁离子的水叫硬水(硬水和软水尚无明确的界限，硬度小于 8 的，一般可认为是软水)。硬度有暂时硬度和永久硬度之分。

暂时硬度：水中含有钙、镁的酸式碳酸盐，遇热即生成碳酸盐沉淀而失去其硬性。其反应如下

$$Ca(HCO_3)_2 \xrightarrow{\Delta} CaCO_3(\text{完全沉淀}) + H_2O + CO_2\uparrow$$

$$Mg(HCO_3)_2 \xrightarrow{\Delta} MgCO_3(\text{不完全沉淀}) + H_2O + CO_2\uparrow$$

$$MgCO_3 \xrightarrow{H_2O} Mg(OH)_2\downarrow + CO_2$$

永久硬度：水中含有钙和镁的硫酸盐、氯化物、硝酸盐，在加热时亦不沉淀(但在锅炉运行温度下，溶解度低的可析出而成为锅垢)。

暂时硬度和永久硬度的总和称为“总硬”。由镁离子形成的硬度称为“镁硬”，由钙离子形成的硬度称为“钙硬”。

“总硬”的测定：用 NH_3-NH_4Cl 缓冲溶液控制水样 pH=10，以铬黑 T 为指示剂，用 EDTA 标准溶液(用 H_2Y^{2-} 表示) 滴定，其反应式为

$$Ca^{2+} + H_2Y^{2-} = CaY^{2-} + 2H^+$$

$$Mg^{2+} + H_2Y^{2-} = MgY^{2-} + 2H^+$$

达到化学计量点时，稍过量的 EDTA 使指示剂游离出来，溶液由酒红色变为纯蓝色，即为滴定终点。根据 EDTA 溶液的浓度和用量，计算水的总硬度。

“钙硬”的测定：用 NaOH 溶液调节水样 pH=12，水中的 Mg^{2+} 以 $Mg(OH)_2$ 沉淀形式被掩蔽，加钙指示剂，用 EDTA 标准溶液滴定 Ca^{2+}，溶液由淡红色变为纯蓝色，即为滴定终点。根据 EDTA 溶液的浓度和用量，计算水的“钙硬”。

水的“总硬”减去“钙硬”即为“镁硬”。

水的硬度的表示方法有多种，通常是将水中的 Ca^{2+}、Mg^{2+} 都折算成 CaO，每升水中含 10mg CaO 为 1 度(°)。

三、仪器与试剂

50mL 碱式或酸式滴定管、100mL 移液管、250mL 锥形瓶、10mL 量筒。

0.005mol/L EDTA 标准溶液、NH_3-NH_4Cl 缓冲溶液(pH≈10)、10% NaOH 溶液、钙指示剂、铬黑 T 指示剂。

四、实验步骤

(一)“总硬”的测定

移取澄清的水样 100.00mL① 放入 250mL 锥形瓶中，加入 5mL NH_3-NH_4Cl 缓冲液②，摇匀。再加入少许铬黑 T 固体指示剂，再摇匀，此时溶液呈酒红色，以 0.005mol/L EDTA 标准溶液滴定至纯蓝色，即为终点。平行测定 3 次，要求相对平均偏差≤0.2%。

(二)"钙硬" 的测定

移取澄清的水样 100.00mL，放入 250mL 锥形瓶中，加 4mL 10% NaOH 溶液，摇匀，再加入少许钙指示剂，再摇匀。此时溶液呈淡红色。用 0.005mol/L EDTA 标准溶液滴定至纯蓝色，即为终点。平行测定 3 次，要求相对平均偏差≤0.2%。

(三)"镁硬" 的测定

由"总硬" 减去"钙硬" 即得"镁硬"。

注释：

① 此取样量仅适于硬度按 $CaCO_3$ 计算为 1°～25°的水样。若硬度大于 25° $CaCO_3$，则取样量应相应减少。相同水样，若按 CaO 计算，则其硬度（°）为按 $CaCO_3$ 计算时的 56%。

若水样不是澄清的，必须过滤。过滤所用的仪器和滤纸必须是干燥的。最初和最后的滤液宜弃去。非属必要，一般不用纯水稀释水样。

如果水中有铜、锌、锰等离子存在，则会影响测定结果。铜离子存在时会使滴定终点不明显；锌离子参与反应，使结果偏高；锰离子存在时，加入指示剂后马上变成灰色，影响滴定。遇此情况，可在水样中加入 1mL 2% Na_2S 溶液，使铜离子成 CuS 沉淀；锰的影响可借加盐酸羟胺溶液消除。若有 Fe^{3+}、Al^{3+} 存在，可用三乙醇胺掩蔽。

② 硬度较大的水样，在加缓冲液后常析出 $CaCO_3$、$Mg_2(OH)_2CO_3$ 微粒，使滴定终点不稳定。遇此情况，可于水样中加适量稀 HCl 溶液，振摇后，再调至中性，然后加缓冲液，则终点稳定。

五、实验数据记录及处理

（1）水样中"总硬"(°)、"钙硬"(°)、"镁硬"(°) 的计算

$$硬度=\frac{c(\text{EDTA})\times V(\text{EDTA})\times M(\text{CaO})}{V_{水}\times 10^{-3}\times 10}$$

$$镁硬(°)=总硬(°)-钙硬(°)$$

式中 c(EDTA) ——EDTA 标准溶液的浓度，mol/L；

V(EDTA) ——滴定时用去的 EDTA 标准溶液的体积，mL。若此量为滴定"总硬"时所耗用的，则所得硬度为"总硬"；若此量为滴定"钙硬" 时所耗用的，则所得硬度为"钙硬"；

$V_{水}$——水样体积，mL；

M(CaO) ——CaO 的摩尔质量，g/mol。

（2）水的硬度的测定结果(表格自行设计)

六、思考题

（1）如果对硬度测定中的数据要求保留两位有效数字，应如何量取 100mL 水样？

（2）怎样用 EDTA 法测出水的总硬度？用什么指示剂？产生什么反应？终点如何变色？试液 pH 值应控制在什么范围？如何控制？如何测定"钙硬"？

（3）如何得到"镁硬"？

（4）用 EDTA 法测定水的硬度时，哪些离子的存在有干扰？如何消除？

（5）本实验滴定速度如何控制？为什么？

实验3.21　$KMnO_4$标准溶液的配制与标定

一、实验目的

(1) 了解高锰酸钾标准溶液的配制方法和保存条件。

(2) 掌握用 $Na_2C_2O_4$ 作基准物标定高锰酸钾溶液浓度的原理、方法及滴定条件。

(3) 掌握 $KMnO_4$ 自身指示剂确定滴定终点的方法。

二、实验原理

$KMnO_4$ 是氧化还原滴定中最常用的氧化剂之一。但市售的 $KMnO_4$ 常含有少量杂质，如 MnO_2、硫酸盐、氯化物及硝酸盐等，因此 $KMnO_4$ 不能用直接法配制标准溶液。$KMnO_4$ 氧化能力强，易和水中的有机物、空气中的尘埃等还原性物质作用；$KMnO_4$ 能自行分解

$$4KMnO_4+2H_2O = 4MnO_2\downarrow+4KOH+3O_2\uparrow$$

其分解的速率随溶液的 pH 值而改变。在中性溶液中，分解很慢，Mn^{2+} 和 MnO_2 的存在能加速其分解，见光则分解得更快。通常配制的 $KMnO_4$ 溶液要在暗处保存数天，待 $KMnO_4$ 把还原性杂质充分氧化后，除去生成的 MnO_2 沉淀，然后通过标定求出溶液的准确浓度。标定好的 $KMnO_4$ 溶液如需长期使用，则应定期重新标定。

标定 $KMnO_4$ 溶液的基准物质有 $Na_2C_2O_4$、$H_2C_2O_4 \cdot 2H_2O$、$FeSO_4 \cdot 7H_2O$、$(NH_4)_2Fe(SO_4)_2 \cdot 6H_2O$、$(NH_4)_2C_2O_4$ 等。其中 $Na_2C_2O_4$ 不含结晶水，容易提纯，没有吸湿性，因此是常用的基准物质。

在 H_2SO_4 溶液中，$KMnO_4$和 $Na_2C_2O_4$的反应式为

$$2MnO_4^-+5C_2O_4^{2-}+16H^+ = 10CO_2\uparrow+2Mn^{2+}+8H_2O$$

该氧化还原反应速率受酸度、温度、催化剂等因素影响，生成的 Mn^{2+} 对反应有催化作用，因此在滴定过程中需注意控制好酸度、温度和滴定速度。标定 $KMnO_4$ 标准溶液时，无须外加指示剂，MnO_4^- 为紫色，Mn^{2+} 为肉色，低浓度时几乎无色，达到化学计量点后，利用稍过量的 $KMnO_4$ 使溶液呈粉红色来指示滴定终点。

三、仪器与试剂

电子分析天平、50mL 酸式滴定管、250mL 烧杯、500mL 棕色试剂瓶、10mL 量筒、250mL 锥形瓶、酒精灯。

$KMnO_4$(s)、$Na_2C_2O_4$(A. R.)、3mol/L H_2SO_4，1mol/L $MnSO_4$。

四、实验步骤

(一) 0.02mol/L 高锰酸钾标准溶液的配制

在台天平上称取 1.0g $KMnO_4$，放入 250mL 烧杯内，用水分数次溶解，每次加水 30mL，充分搅拌后，将上层清液倒入洁净的棕色试剂瓶，然后用另一份水溶解遗留在烧杯中的 $KMnO_4$ 固体，重复以上操作，直至 $KMnO_4$ 全部溶解。用蒸馏水稀释至 300mL，摇匀、塞紧，贴上标签。静置一周后，通过玻璃棉或砂芯漏斗过滤除去沉淀物，溶液收集于棕色试剂瓶中。

(二) 0.02mol/L 高锰酸钾标准溶液的标定

用减量法准确称取已于 105～110℃ 烘干的 $Na_2C_2O_4$ 0.20～0.22g 3 份，分别装入 250mL 锥形瓶中。加入新煮沸过的蒸馏水 40mL 使之溶解，再加入 3mol/L H_2SO_4 10mL，

加热到 70～80℃(以冒较多蒸汽为准)，加入 2 滴 1mol/L $MnSO_4$，立即用 $KMnO_4$ 滴定。滴定开始时，先加入一滴 $KMnO_4$，摇动溶液，待红色褪去后，再继续滴定。随着反应速率的加快，可逐渐加快滴定速度，快到终点时应逐滴加入，直至滴入一滴 $KMnO_4$ 溶液(最好半滴）摇匀后微红色 30s 不褪去，即为滴定终点。读取终读数，记录 $KMnO_4$ 溶液的用量。平行滴定 3 份，要求相对平均偏差≤0.2%。

五、数据记录及处理

（1）$KMnO_4$ 标准溶液浓度(mol/L）的计算

$$c(KMnO_4)=\frac{\frac{2}{5}\times m(Na_2C_2O_4)}{M(Na_2C_2O_4)\times V(KMnO_4)\times 10^{-3}}$$

（2）$KMnO_4$ 标准溶液浓度的标定结果

记录项目 \ 次序	Ⅰ	Ⅱ	Ⅲ
倒出前称量瓶＋$Na_2C_2O_4$ 的质量/g 倒出后称量瓶＋$Na_2C_2O_4$ 的质量/g $Na_2C_2O_4$ 的质量/g			
$V(KMnO_4)$ 终读数/mL $V(KMnO_4)$ 初读数/mL $V(KMnO_4)$/mL			
$c(KMnO_4)$/(mol/L)			
$\bar{c}(KMnO_4)$/(mol/L)			
个别测定值的绝对偏差			
平均偏差			
相对平均偏差/%			

六、思考题

（1）影响 $KMnO_4$ 与 $Na_2C_2O_4$ 反应的因素有哪些？在滴定中如何控制？

（2）本实验控制酸度时能否用 HCl 或 HNO_3 代替 H_2SO_4？为什么？

（3）本实验滴定速度为何按“慢→快→慢”控制？

（4）$KMnO_4$ 溶液装在滴定管中读数时应注意什么？为什么？

实验 3.22　过氧化氢含量的测定(高锰酸钾法)

一、实验目的

(1) 进一步掌握氧化还原滴定法的实际应用。

(2) 掌握 $KMnO_4$ 法测定过氧化氢含量的原理和方法。

二、实验原理

H_2O_2 又称为双氧水，具有杀菌、消毒、漂白等作用，市售 H_2O_2 含量一般为30%。在实验室中常将 H_2O_2 装在塑料瓶内，置于阴暗处。它在酸性溶液中很容易被 $KMnO_4$ 氧化而生成游离的氧和水，其反应式如下

$$2MnO_4^- + 5H_2O_2 + 6H^+ = 2Mn^{2+} + 5O_2\uparrow + 8H_2O$$

因此，测定过氧化氢时，可用高锰酸钾溶液作滴定剂，根据微过量的高锰酸钾本身的紫红色指示滴定终点。

在生物化学中常用此法间接测定过氧化氢酶的含量。过氧化氢酶能使过氧化氢分解，故可以用适量的 H_2O_2 和过氧化氢酶发生作用，在酸性条件下用标准 $KMnO_4$ 溶液滴定残余的 H_2O_2，可求得过氧化氢酶的含量。

三、仪器与试剂

50mL 酸式滴定管、10mL 移液管、25mL 移液管、250mL 容量瓶、10mL 量筒、250mL 锥形瓶。

0.02mol/L $KMnO_4$ 标准溶液、3mol/L H_2SO_4、3% H_2O_2 试液，1mol/L $MnSO_4$。

四、实验步骤

(一) 稀释

用移液管吸取 10.00mL H_2O_2 试样，置于 250mL 容量瓶中，加水稀释至刻度，充分摇匀。

(二) 滴定

准确吸取稀释后的 H_2O_2 25.00mL 于 250mL 锥形瓶中，加入 3mol/L H_2SO_4 10mL，用蒸馏水稀释至 50mL。加入 2 滴 1mol/L $MnSO_4$，用 $KMnO_4$ 标准溶液缓缓滴定，至溶液呈浅红色且 30s 内不褪色即为终点。平行测定 3 次。

五、数据记录及处理

(1) 双氧水中的 H_2O_2 含量用 $\rho(H_2O_2)$(g/100mL) 表示

$$\rho(H_2O_2) = \frac{\frac{5}{2} \times c(KMnO_4) \times V(KMnO_4) \times 10^{-3} \times M(H_2O_2)}{25.00 \times \frac{10.00}{250.00}} \times 100$$

(2) 双氧水中 H_2O_2 含量的测定结果

记录项目 \ 次序	Ⅰ	Ⅱ	Ⅲ
$\bar{c}(KMnO_4)/(mol/L)$			
$V(H_2O_2)/mL$			

续表

记录项目 \ 次序	Ⅰ	Ⅱ	Ⅲ
$V(KMnO_4)$终读数/mL			
$V(KMnO_4)$初读数/mL			
$V(KMnO_4)$/mL			
$\rho(H_2O_2)/(g/100mL)$			
$\bar{\rho}(H_2O_2)/(g/100mL)$			
个别测定值的绝对偏差			
平均偏差			
相对平均偏差/%			

六、思考题

(1) 用 $KMnO_4$ 法测定 H_2O_2 含量时，能否用 HNO_3、HCl 或 HAc 控制酸度？

(2) 为什么不直接移取试样 1mL 进行测定，而要将试样稀释再移取 25mL 进行测定？这样做的目的是什么？

实验 3.23　高锰酸钾法测定钙含量

一、实验目的

（1）学习各种基本操作，如称量、沉淀、过滤、洗涤、溶解、滴定等技术。

（2）了解用高锰酸钾法测定钙盐中钙含量的基本原理和方法。

二、实验原理

测定钙的方法很多，快速的方法是配位滴定法，较精确的方法是本实验采用的高锰酸钾法。$C_2O_4^{2-}$ 和 Ca^{2+} 生成 CaC_2O_4 白色晶形沉淀，其反应如下

$$Ca^{2+}+C_2O_4^{2-} \xlongequal{} CaC_2O_4 \downarrow$$

再将沉淀过滤洗净后，用酸溶解成 $H_2C_2O_4$

$$CaC_2O_4+2H^+ \xlongequal{} Ca^{2+}+H_2C_2O_4$$

最后，用 $KMnO_4$ 标准溶液滴定生成的 $H_2C_2O_4$

$$2MnO_4^-+5H_2C_2O_4+6H^+ \xlongequal{} 2Mn^{2+}+10CO_2\uparrow+8H_2O$$

滴定到溶液呈微红色，即为终点。为了加快反应速率，滴定一般在 70～80℃进行，若温度高于 90℃会使部分 $H_2C_2O_4$ 分解。

若试样中含酸不溶物较少，此法一般用酸溶解。Fe^{3+}、Al^{3+} 可用柠檬酸铵掩蔽。

CaC_2O_4 是弱酸盐沉淀，其溶解度随溶液的酸度增大而增加。在 pH＝4 左右时 CaC_2O_4 的溶解损失可以忽略。一般采用在酸性介质中加入$(NH_4)_2C_2O_4$，再滴加氨水逐渐中和溶液中的 H^+，使 $c(C_2O_4^{2-})$ 缓缓增大，沉淀缓慢形成。最后控制溶液 pH 值在 3.5～4.5，使沉淀既完全又不至于生成 $Ca(OH)_2$ 或$(CaOH)_2C_2O_4$ 沉淀，获得组成一定、颗粒粗大而纯净的 CaC_2O_4 沉淀，沉淀经处理后，用 $KMnO_4$ 标准溶液滴定。

三、仪器与试剂

电子分析天平、50mL 酸式滴定管、50mL 移液管、250mL 和 400mL 烧杯、10mL 和 100mL 量筒、可控温电炉、玻璃砂芯漏斗(4 号，25～30mL)、表面皿。

6mol/L HCl 溶液、10％柠檬酸铵溶液、甲基橙指示剂、0.25mol/L$(NH_4)_2C_2O_4$ 溶液、3mol/L $NH_3 \cdot H_2O$、0.1％$(NH_4)_2C_2O_4$ 溶液、3mol/L H_2SO_4 溶液、2mol/L HNO_3 溶液(滴瓶装)、0.1mol/L $AgNO_3$ 溶液、0.02mol/ L $KMnO_4$ 标准溶液。

四、实验步骤

准确称取石灰石试样 0.5～1g，置于 250mL 烧杯中，滴加少量水使试样湿润①，盖上表面皿，从烧杯尖嘴处小心缓慢地滴加 6mol/L HCl 溶液 10mL，同时不断摇动烧杯，使其溶解。待停止发泡后，小心加热煮沸 2min，冷却后，仔细将全部物质转入 250mL 容量瓶中，加水至刻度，摇匀，静置使其中酸不溶物沉降(也可以称取 0.1～0.2g 试样，用 6mol/L HCl 溶液 7～8mL 溶解，得到的溶液不再加 HCl 溶液，直接按下述条件沉淀 CaC_2O_4)。

准确吸取 50mL 清液(必要时将溶液过滤到干烧杯中后再吸取) 2 份，分别放入 400mL 烧杯中，加入 5mL 10％柠檬酸铵溶液②和 120mL 水，加入甲基橙 2 滴，加 6mol/L HCl 溶液 5～10mL 至溶液显红色③，加入 15～20mL 0.25mol/L$(NH_4)_2C_2O_4$ 溶液。若此时有沉淀生成，应在搅拌下滴加 6mol/L HCl 溶液至沉淀溶解，注意勿多加。加热至 70～80℃，在不断搅拌下以 1～2 滴/s 的速度滴加 3mol/L 氨水至溶液由红色变为橙黄色④，继续保温约 30min⑤并随时搅拌放置冷却，这时 CaC_2O_4 沉淀缓缓生成。

用中速滤纸(或玻璃砂芯漏斗)以倾析法过滤沉淀。用适量的0.1% $(NH_4)_2C_2O_4$ 溶液将沉淀洗涤[6]3～4次，再用去离子水洗涤至洗液不含 Cl^-、$C_2O_4^{2-}$ 为止[7](接取最后流出的洗液约1mL，加2滴0.1mol/L $AgNO_3$ 检验，无浑浊现象)。

沉淀处理完毕后，取250mL烧杯放在漏斗下，用玻璃棒刺破滤纸底部，加适量去离子水把沉淀洗入烧杯中。再用20mL 3mol/L H_2SO_4 溶液洗涤滤纸，把沉淀洗入锥形瓶中。将溶液稀释至100mL，加热至70～80℃，立即用0.02mol/L $KMnO_4$ 标准溶液滴定，边滴边搅拌，快到终点时，将滤纸推入烧杯中[8]，继续滴定至溶液呈粉红色且30s不褪色，即为终点。

根据 $KMnO_4$ 用量和试样质量计算试样Ca(或CaO)的含量(%)。

注释：

① 先用少量水润湿，以免加HCl溶液时产生的 CO_2 将试样粉末冲出。

② 柠檬酸铵配位掩蔽 Fe^{3+} 和 Al^{3+}，以免生成胶体和共沉淀，其用量视铁和铝的含量多少而定。

③ 在酸性溶液中加 $(NH_4)_2C_2O_4$，再调pH值，但盐酸只能稍过量，否则用氨水调节pH值时，用量较大。

④ 调节pH值至3.5～4.5，使 CaC_2O_4 沉淀完全，MgC_2O_4 不沉淀。

⑤ 保温是为了使沉淀陈化。若沉淀完毕后，要放置过夜，则不必保温。但对Mg含量高的试样，不宜久放，以免沉淀。

⑥ 先用沉淀剂稀溶液洗涤，利用同离子效应，降低沉淀的溶解度，以减小溶解损失，并且洗去大量杂质。

⑦ 再用水洗的目的主要是洗去 $C_2O_4^{2-}$。洗至洗液中无 Cl^-，即表示沉淀中杂质已洗净。洗涤时应注意用水洗去滤纸上部的 $C_2O_4^{2-}$。检查 Cl^- 的方法是滴加 $AgNO_3$ 溶液，根据下述反应来判断

$$Cl^- + Ag^+ \longrightarrow \underset{(白色)}{AgCl\downarrow}$$

但是 $C_2O_4^{2-}$ 也有类似反应

$$C_2O_4^{2-} + 2Ag^+ \longrightarrow \underset{(白色)}{Ag_2C_2O_4\downarrow}$$

因此，如果洗液中加入 $AgNO_3$ 溶液，没有沉淀生成，表示 Cl^- 和 $C_2O_4^{2-}$ 都已洗净。如果加入 $AgNO_3$ 溶液，产生白色沉淀或浑浊，则说明有 $C_2O_4^{2-}$ 或 Cl^-；若用稀 HNO_3 溶液酸化，沉淀减少或消失，则 $C_2O_4^{2-}$ 洗净。注意洗涤次数和洗涤体积不可太多。

⑧ 在酸性溶液中滤纸消耗 $KMnO_4$；接触时间愈长，消耗愈多，因此只能在滴定至终点前才能将滤纸浸入溶液中。

五、数据记录及处理

(1) 试样中Ca含量(%)的计算

$$\omega(\mathrm{Ca})=\frac{\frac{5}{2}\times c(\mathrm{KMnO_4})\times V(\mathrm{KMnO_4})\times 10^{-3}\times M(\mathrm{Ca})}{m_s\times\frac{50.00}{250.00}}\times 100\%$$

式中，m_s 为试样质量。

(2) 试样中Ca含量的测定结果(表格自行设计)。

六、思考题

(1) 用 $(NH_4)_2C_2O_4$ 沉淀 Ca^{2+} 前，为什么要先加入柠檬酸铵？是否可用其他试剂？

(2) 沉淀 CaC_2O_4 时，为什么要先在酸性溶液中加入沉淀剂 $(NH_4)_2C_2O_4$，然后在70～80℃时滴加氨水至甲基橙变橙黄色而使 CaC_2O_4 沉淀？中和时为什么选用甲基橙指示剂来指

示酸度？

（3）洗涤CaC_2O_4沉淀时，为什么先要用稀$(NH_4)_2C_2O_4$溶液作洗涤液，然后再用冷水洗？怎样判断$C_2O_4^{2-}$洗净没有？怎样判断Cl^-洗净没有？

（4）如果将带有CaC_2O_4沉淀的滤纸一起用硫酸处理，再用$KMnO_4$溶液滴定，会产生什么影响？

（5）CaC_2O_4沉淀生成后为什么要陈化？

（6）$KMnO_4$法与配位滴定法测定钙的优缺点各是什么？

（7）若试样含Ba^{2+}或Sr^{2+}，它们对沉淀分离CaC_2O_4有无影响？若有影响，应如何消除？

实验 3.24 亚铁盐中亚铁含量的测定(重铬酸钾法)

一、实验目的

(1) 学习用直接法配制重铬酸钾标准溶液。

(2) 掌握重铬酸钾法测定亚铁含量的基本原理和方法。

二、实验原理

重铬酸钾 $K_2Cr_2O_7$ 易获得 99.99%的纯品，在 105～110℃烘至恒重后，可用于直接配制标准溶液。重铬酸钾溶液较稳定，在密闭容器中经久不会发生浓度的改变。

$K_2Cr_2O_7$ 在强酸性溶液中与 Fe^{2+} 的反应为

$$6Fe^{2+}+Cr_2O_7^{2-}+14H^+ \xlongequal{} 6Fe^{3+}+2Cr^{3+}+7H_2O$$

该反应定量迅速，符合滴定反应的要求，因此可用 $K_2Cr_2O_7$ 标准溶液直接滴定 Fe^{2+}，通常用氧化还原指示剂二苯胺磺酸钠指示滴定终点。由于滴定反应生成 Cr^{3+}，溶液呈绿色。滴定过程中生成的 Fe^{3+}，在酸性介质中会过早地氧化指示剂，使终点提前出现。若滴定介质中含有磷酸，因磷酸与 Fe^{3+} 形成配位化合物$[Fe(HPO_4)_2]^-$或$[Fe(PO_4)_2]^{3-}$，可降低溶液中 Fe^{3+} 的浓度，从而降低 Fe^{3+}/Fe^{2+} 电对的电极电势，可避免过早地氧化指示剂，这样可以减小终点误差，因此用 $K_2Cr_2O_7$ 滴定 Fe^{2+} 应在 H_2SO_4/H_3PO_4 混合酸介质中进行，以二苯胺磺酸钠为指示剂。滴定终点是溶液由绿色变为紫色或蓝紫色。

三、仪器与试剂

电子天平、50mL 酸式滴定管、250mL 容量瓶、100mL 烧杯、250mL 锥形瓶、10mL 或 50mL 量筒。

重铬酸钾 $K_2Cr_2O_7$(A.R.)、$(NH_4)_2Fe(SO_4)_2 \cdot 6H_2O(s)$、3mol/L H_2SO_4、85% H_3PO_4、0.1%二苯胺磺酸钠。

四、实验步骤

(一) 0.02mol/L 重铬酸钾标准溶液的直接配制

在分析天平上用减量法准确称取干燥过的 $K_2Cr_2O_7$ 1.3～1.5g 于 100mL 烧杯中，加少量蒸馏水溶解，定量地转移入 250mL 容量瓶中，稀释、定容、摇匀。计算 $K_2Cr_2O_7$ 的准确浓度。

(二) 重铬酸钾法测定亚铁盐中的亚铁

准确称取 0.9～1.1g 硫酸亚铁铵固体于锥形瓶中，依序加入 3mol/L H_2SO_4 10mL、蒸馏水 50mL、85%磷酸 5mL，溶解后用 $K_2Cr_2O_7$ 标准溶液滴定至溶液呈绿色，再加入二苯胺磺酸钠指示剂 6～8 滴，继续用 $K_2Cr_2O_7$ 标准溶液滴定至溶液呈紫色或蓝紫色。记录 $K_2Cr_2O_7$ 标准溶液用量。平行测定 3 次，计算试样中亚铁的含量。

五、数据记录及处理

(1) 重铬酸钾标准溶液的浓度(mol/L) 的计算

$$c(K_2Cr_2O_7)=\frac{m(K_2Cr_2O_7)}{M(K_2Cr_2O_7)\times 250.00\times 10^{-3}}$$

亚铁盐中亚铁的含量(%) 按下式计算

$$\omega(Fe)=\frac{6\times c(K_2Cr_2O_7)\times V(K_2Cr_2O_7)\times 10^{-3}\times M(Fe)}{m_s}\times 100\%$$

式中，m_s 为试样质量。

（2）亚铁盐中亚铁含量的测定结果

次序 记录项目	Ⅰ	Ⅱ	Ⅲ
倒出前称量瓶＋$K_2Cr_2O_7$ 的质量/g			
倒出后称量瓶＋$K_2Cr_2O_7$ 的质量/g			
$K_2Cr_2O_7$ 的质量/g			
$c(K_2Cr_2O_7)$/(mol/L)			
倒出前称量瓶＋$(NH_4)_2Fe(SO_4)_2 \cdot 6H_2O$ 的质量/g			
倒出后称量瓶＋$(NH_4)_2Fe(SO_4)_2 \cdot 6H_2O$ 的质量/g			
$(NH_4)_2Fe(SO_4)_2 \cdot 6H_2O$ 的质量/g			
$V(K_2Cr_2O_7)$ 终读数/mL			
$V(K_2Cr_2O_7)$ 初读数/mL			
$V(K_2Cr_2O_7)$ /mL			
$\omega(Fe)$/ %			
$\bar{\omega}(Fe)$/ %			
个别测定值的绝对偏差			
平均偏差			
相对平均偏差/%			

六、思考题

（1）重铬酸钾法测亚铁的过程中，加入磷酸的作用是什么？

（2）重铬酸钾法能否在盐酸介质中进行滴定？为什么？

（3）本实验结束后，对含铬废液如何处理？

实验 3.25 硫代硫酸钠标准溶液的配制和标定

一、实验目的

(1) 掌握 $Na_2S_2O_3$ 溶液的配制方法和保存条件。

(2) 掌握标定 $Na_2S_2O_3$ 溶液浓度的原理和方法。

二、实验原理

硫代硫酸钠($Na_2S_2O_3 \cdot 5H_2O$) 一般都含有少量杂质(如 S、Na_2SO_3、Na_2SO_4、Na_2CO_3 及 NaCl 等),同时还容易风化和潮解;其溶液容易受空气和微生物的作用而分解,故其标准溶液必须采用间接法进行配制。

标定 $Na_2S_2O_3$ 的基本反应是:

$$I_2 + 2S_2O_3^{2-} = 2I^- + S_4O_6^{2-}$$ (反应条件:中性或弱酸性)

式中,I_2 是由强氧化剂(如 KIO_3、$KBrO_3$、$K_2Cr_2O_7$ 等) 与 KI 定量反应所得,本实验采用 $KBrO_3$ 作基准物质,在酸性溶液中,有过量 KI 存在时,一定量的 $KBrO_3$ 与 KI 发生反应

$$BrO_3^- + 6H^+ + 6I^- = Br^- + 3I_2 + 3H_2O$$

用 $Na_2S_2O_3$ 标准溶液滴定析出的 I_2,用淀粉作指示剂,滴定至溶液蓝色刚好完全褪去即为滴定终点。

三、仪器与试剂

电子天平、50mL 碱式滴定管、100mL 烧杯、250mL 容量瓶、250mL 碘量瓶、500mL 棕色试剂瓶、25mL 移液管、台天平、可调温电炉。

$Na_2S_2O_3 \cdot 5H_2O$(A. R.)、Na_2CO_3(s)、$KBrO_3$(A. R.)、30% KI、3mol/L H_2SO_4、0.5%淀粉指示剂。

四、实验步骤

(一) 0.1mol/L 硫代硫酸钠标准溶液的配制

在台秤上称取 12.5g $Na_2S_2O_3 \cdot 5H_2O$(A. R.),溶解在新煮沸过而冷却了的蒸馏水中,加入 0.1g Na_2CO_3,稀释至 500mL。保存在棕色瓶中,放置在阴凉处,一周后标定。

(二) 0.1mol/L 硫代硫酸钠溶液的标定

准确称取 $KBrO_3$ 0.6~0.7g 于 100mL 烧杯中,加少量蒸馏水溶解,定量地转移入 250mL 容量瓶中,稀释,定容,摇匀。

用移液管吸取配制好的 $KBrO_3$ 溶液 25.00mL,放入 250mL 碘量瓶中,加 30% KI 溶液 5mL、3mol/L H_2SO_4 溶液 10mL,混匀后盖好瓶塞,于瓶口封以少量水,在暗处放置 5min,然后加 100mL 蒸馏水稀释。用 $Na_2S_2O_3$ 标准溶液滴定,当溶液由析出碘的棕红色转变为浅黄色时,加入 0.5%淀粉指示剂 5mL,继续滴定至蓝色刚好完全褪去为止,记录 $Na_2S_2O_3$ 的体积。平行测定 3 次。

五、数据处理

(1) $Na_2S_2O_3$ 标准溶液浓度(mol/L) 的计算

$$c(Na_2S_2O_3) = \frac{6 \times m(KBrO_3)}{M(KBrO_3) \times V(Na_2S_2O_3) \times 10^{-3}} \times \frac{25.00}{250.00}$$

(2) $Na_2S_2O_3$ 标准溶液浓度的标定结果(表格自行设计)。

六、思考题

(1) 为何 $Na_2S_2O_3$ 标准溶液不能用直接法配制？配制后为何要放 7～14 天才能进行标定？

(2) 滴定过程中淀粉指示剂加入过早或过迟对实验结果有何影响？

实验 3.26 胆矾中铜的测定(碘量法)

一、实验目的

掌握间接碘量法测定胆矾中铜含量的原理和方法。

二、实验原理

胆矾($CuSO_4 \cdot 5H_2O$)是农药波尔多液的主要原料。胆矾中铜的含量常用间接碘量法测定。在弱酸性介质中，胆矾中 Cu^{2+} 与 I^- 作用，生成 CuI 沉淀，并析出 I_2，其反应为

$$2Cu^{2+} + 4I^- \longrightarrow 2CuI \downarrow + I_2$$

$$I_2 + I^- \longrightarrow I_3^-$$

Cu^{2+} 与 I^- 的反应是可逆的，为使 Cu^{2+} 的还原趋于完全，须加入过量的 KI，但由于生成的 CuI 沉淀强烈地吸附 I_3^-，又会使结果偏低。欲减少 CuI 沉淀对 I_3^- 的吸附，当用 $Na_2S_2O_3$ 滴定 I_2 接近终点时，可加入 KSCN，使 CuI 转化为溶解度更小的 CuSCN 沉淀，其反应为

$$CuI + SCN^- \longrightarrow CuSCN \downarrow + I^-$$

CuSCN 对 I_3^- 的吸附较困难，使 Cu^{2+} 与 I^- 的反应趋于完全，且终点更为敏锐。

Cu^{2+} 与 I^- 作用生成的 I_2，用 $Na_2S_2O_3$ 标准溶液滴定：

$$I_2 + 2S_2O_3^{2-} \longrightarrow 2I^- + S_4O_6^{2-}$$

以淀粉为指示剂，滴定至溶液的蓝色刚好消失为终点。根据 $Na_2S_2O_3$ 标准溶液的浓度、滴定时所耗用的体积及试样质量，可计算出试样中铜的含量。

Cu^{2+} 与 I^- 作用时，溶液的 pH 值一般控制在 3～4。酸度过低，Cu^{2+} 易水解，使反应不完全，结果偏低；酸度过高，I^- 易被空气中的氧氧化为 I_2，使结果偏高。控制溶液的酸度常采用稀 H_2SO_4 或 HAc，而不用 HCl，因为 Cu^{2+} 易与 Cl^- 生成配离子。

若 Fe^{3+} 存在时，因发生下述反应

$$2Fe^{3+} + 2I^- \longrightarrow 2Fe^{2+} + I_2$$

而使测定结果偏高。为消除 Fe^{3+} 的干扰，可加入 NaF 或 NH_4F，使 Fe^{3+} 形成稳定的 FeF_6^{3-}。

三、仪器与试剂

电子分析天平、50mL 酸式滴定管、250mL 锥形瓶、100mL 烧杯、20mL 和 100mL 量筒、500mL 棕色试剂瓶。

0.1mol/L $Na_2S_2O_3$ 标准溶液、10% KI 溶液(实验前新配制)、10% KSCN 溶液、饱和 NaF、3mol/L H_2SO_4、$CuSO_4 \cdot 5H_2O$ 试样、0.5%淀粉溶液(称取 0.5g 可溶性淀粉，用少量水润湿后，加入 100mL 沸水，搅匀，冷却后，可加 0.1g HgI_2 防腐剂)。

四、实验步骤

准确称取胆矾试样 0.5～0.6g 置于 250mL 锥形瓶中，加 3mL 3mol/L H_2SO_4 溶液及 100mL 去离子水，样品溶解后，加入 10mL 饱和 NaF 溶液和 10mL 10% KI 溶液，摇匀后立即用 0.1mol/L $Na_2S_2O_3$ 标准溶液滴定至浅黄色，加入 5mL 0.5%淀粉溶液，继续滴定至溶液呈浅蓝色时，再加入 10mL 10% KSCN 溶液，混匀后溶液的蓝色加深。然后，再继续滴定至蓝色刚好消失为止，此时溶液为米色悬浊液，记录滴定所耗用的 $Na_2S_2O_3$ 容量。平行测定 3 次。

五、实验数据记录及处理

（1）胆矾中铜的含量(%) 的计算

$$\omega(Cu)=\frac{c(Na_2S_2O_3)\times V(Na_2S_2O_3)\times 10^{-3}\times M(Cu)}{m_s}\times 100\%$$

（2）胆矾中铜含量的测定结果(表格自行设计)。

六、思考题

（1）测定铜含量时，所加 KI 为何过量？KI 的量是否要求很准确？加入 KSCN 的作用何在？为什么 KSCN 要在临近终点前加入？

（2）用碘量法进行滴定时，酸度和温度对滴定反应有何影响？

（3）碘量法的误差来源有哪些？应如何避免？

实验 3.27 邻二氮菲分光光度法测定铁

一、实验目的

（1）掌握分光光度计的使用方法。

（2）通过铁含量的测定，学习分光光度法的应用。

二、实验原理

邻二氮菲是测定微量铁的一种较好的显色剂。在 pH＝2～9 的条件下，Fe^{2+} 与邻二氮菲（Phen）生成稳定的橘红色配合物 $[Fe(Phen)_3]^{2+}$

$$Fe^{2+} + 3Phen = [Fe(Phen)_3]^{2+}$$

（橘红色）

此配合物的 $\lg\beta_3 = 21.3$，摩尔吸光系数 $\varepsilon_{512} = 1.1 \times 10^4 L/(mol \cdot cm)$。当铁为三价状态时，可用盐酸羟胺还原

$$2Fe^{3+} + 2NH_2OH \cdot HCl = 2Fe^{2+} + N_2\uparrow + 4H^+ + 2H_2O + 2Cl^-$$

Cu^{2+}、Co^{2+}、Ni^{2+}、Cd^{2+}、Hg^{2+}、Mn^{2+}、Zn^{2+} 等离子也能与邻二氮菲生成稳定配合物，在少量情况下，不影响 Fe^{2+} 的测定，量大时可用 EDTA 掩蔽或预先分离。

三、仪器与试剂

分光光度计、1cm 比色皿、100mL 容量瓶 1 只、50mL 容量瓶 7 只、5mL 和 10mL 吸量管各 1 支、10mL 小量筒 1 只、200mL 烧杯 2 只。

100μg/mL 标准铁溶液：准确称取 0.8634g 分析纯 $NH_4Fe(SO_4)_2 \cdot 12H_2O$ 于 200mL 烧杯中，加入 20mL 6mol/L HCl 和少量水，溶解后转移至 1L 容量瓶中，稀释至刻度，摇匀。

0.15％邻二氮菲水溶液、10％盐酸羟胺水溶液(用时配制)、1mol/L NaAc、6mol/L HCl，待测铁试液。

四、实验步骤

（一）标准曲线的制作

用移液管吸取 100μg/mL 标准铁溶液 10.00mL 于 100mL 容量瓶中，加入 2mL HCl，用水稀释至刻度，摇匀。此液含 Fe^{3+} 量为 10μg/mL。

在 6 个 50mL 容量瓶中，用吸量管分别加入 0.00mL、2.00mL、4.00mL、6.00mL、8.00mL、10.00mL 的 10μg/mL 标准铁溶液，分别依次加入 1mL 10％盐酸羟胺、2mL 0.15％邻二氮菲、5mL 1mol/L NaAc 溶液，每加入一种试剂时都要摇匀。然后，用水稀释至刻度，摇匀后放置 10min。用 1cm 比色皿，以试剂为空白(即 0.00mL 标准铁溶液)，在 512nm 波长下，测量各溶液的吸光度。以含铁量为横坐标，吸光度 A 为纵坐标，绘制标准曲线。

（二）未知试样中铁含量的测定

准确吸取适量试液于 50mL 容量瓶中，按标准曲线的制作步骤，加入各种试剂，测量吸光度。从标准曲线上查出并计算试样中铁的含量(μg/mL)。

五、数据处理

在坐标纸上手工绘制标准曲线并计算试样中铁的含量。条件许可时，可用计算机进行数据处理。

六、思考题

（1）本实验量取各种试剂时分别采用何种量器量取较为合适？为什么？

（2）制作标准曲线和进行其他条件实验时，加入试剂的顺序能否任意改变？为什么？

（3）在用分光光度法测某物质的含量时，一般要进行哪些条件实验？

实验 3.28 电势法测定土壤浸出液的 pH 值

一、实验目的

(1) 掌握 pH 计的使用及用 pH 计测定溶液 pH 值的方法。

(2) 通过实验加深对用 pH 计测定溶液 pH 值原理的理解。

二、实验原理

pH 计是用电势法测量溶液 pH 值的仪器，用 pH 指示电极(玻璃电极) 作负极与甘汞电极作正极组成电极对插入被测溶液后，玻璃电极的电势随溶液中氢离子活度而变化，该变化符合 Nernst 方程，而甘汞电极电势保持恒定，因此，用输入阻抗高的毫伏计测量电池的电动势 E，即可测量溶液的 pH 值。

$$E=\varphi_{SCE}-\varphi_{b}=\varphi_{SCE}-\left(k+\frac{2.303RT}{F}\lg a_{H^+}\right)=K+\frac{2.303RT}{F}\mathrm{pH}$$

实际操作时，为了消去常数项的影响，采用与待测液 pH 值相接近的标准缓冲溶液相比较，即

$$E_S=K+\frac{2.303RT}{F}\mathrm{pHs}$$

两式相减得

$$\mathrm{pH}=\mathrm{pHs}+\frac{E-E_S}{2.303RT/F}$$

测定时利用仪器定位旋钮，使仪器实现 pH 值直读。

三、仪器与试剂

pH 计、pH 玻璃电极、甘汞电极(或 pH 复合电极)、温度计 1 支、50mL 塑料小烧杯 4 只、滤纸屑。

邻苯二甲酸氢钾标准液(pH4.00)、磷酸二氢钾/磷酸氢二钠标准液(pH6.86)、硼砂标准液(pH9.18)、土壤浸出未知液 1(pH<7)、土壤浸出未知液 2(pH>7)。

四、实验步骤

(1) 阅读所用 pH 计的有关说明书，按指导教师指定的 pH 型号详细了解和掌握仪器上各按键的功能和使用方法。

(2) 测量 pH>7 的未知液的 pH 值时用硼砂标准溶液进行定位；测量 pH<7 的未知液的 pH 值时用邻苯二甲酸氢钾标准溶液进行定位。

(3) 将未知液反复测量三次，根据三次测量结果写出实验报告。

(4) 测量完毕后，用蒸馏水冲洗电极，并按要求装好电极，关闭仪器电源。

五、思考题

(1) 从原理上说明 pH 计的“温度” 键和“定位” 键的作用。

(2) 玻璃电极不用时为什么要浸泡在蒸馏水中保存？如不浸泡在蒸馏水中又将怎样？

(3) pH 复合电极不用时要如何保存？

实验3.29 氟离子选择性电极测定水中微量氟

一、实验目的

学习氟离子选择性电极测定微量氟离子的原理和测定方法。

二、实验原理

氟离子选择性电极的敏感膜为LaF_3单晶膜，电极管内放入NaF+NaCl混合溶液作为内参比溶液，以Ag-AgCl作内参比电极。当将氟电极浸入含F^-溶液中时，在其敏感膜内外两侧产生膜电势$\Delta\varphi_M$

$$\Delta\varphi_M = K - 2.303RT\lg a(F^-)$$

以氟电极作指示电极，饱和甘汞电极为参比电极，浸入试液组成工作电池。

(－)Pt | Hg，Hg_2Cl_2 | KCl(饱和) || F^-试液 | LaF_3 | NaF(0.1mol/L)＋NaCl(0.1mol/L) | AgCl，Ag(＋)

工作电池的电动势

$$E = K' - 2.303RT\lg a(F^-)$$

在测量时加入以HAc、NaAc、柠檬酸钠和大量NaCl配制成的总离子强度调节缓冲液(TISAB)，由于加入了高离子强度的溶液(本实验所用的TISAB其离子强度$I>1.2$)，可以在测量过程中维持离子强度恒定，因此工作电池电动势与F^-浓度的对数呈线性关系

$$E = K - 2.303RT\lg c(F^-)$$

本实验采用标准曲线法测定F^-浓度，即配制不同浓度的F^-标准溶液，测定工作电池的电动势，并在同样条件下测得试液的E_x，由E-$\lg c(F^-)$曲线查得未知试液中的F^-浓度。氟电极的适用酸度范围为pH5～6，测定浓度在10^0～10^{-6}mol/L范围内，$\Delta\varphi_M$与$\lg c(F^-)$呈线性响应，电极的检测下限在10^{-7}mol/L左右。

三、仪器与试剂

pHs-2型酸度计1台、氟离子选择性电极1支、饱和甘汞电极1支、电磁搅拌器1台、1000mL容量瓶1只、50mL容量瓶7只、5mL吸量管1支。

0.100mol/L氟离子标准溶液：准确称取120℃干燥2h并经冷却的优级纯NaF 4.20g于小烧杯中，用水溶解后，转移至1000mL容量瓶中配成溶液，然后转入洗净、干燥的塑料瓶中。

总离子强度调节缓冲液(TISAB)：于1000mL烧杯中加入500mL水和57mL冰乙酸，58g氯化钠，12g柠檬酸钠($Na_3C_6H_5O_7 \cdot 2H_2O$)，搅拌至溶解。将烧杯置于冷水中，在pH计的监测下，缓慢滴加6mol/L NaOH溶液，至溶液pH 5.0～5.5，冷却至室温，转入1000mL容量瓶中，用水稀释至刻度摇匀。转入洗净、干燥的溶液瓶中。

氟离子试液，浓度约为10^{-1}～10^{-2}mol/L。

四、实验步骤

(1) 按pHs-2型酸度计操作步骤所述调试仪器，按下mV键。

摘去甘汞电极的橡皮帽。并检查内电极是否浸入饱和KCl溶液中，如未浸入，应补充饱和KCl溶液。安装电极。

(2) 准确吸取0.100mol/L氟离子标准溶液5.00mL，置于50mL容量瓶中，加入TISAB 5.0mL，用水稀释至刻度，摇匀，得pF＝2.00溶液。

（3）吸取 pF＝2.00 溶液 5.00mL，置于 50mL 容量瓶中，加入 TISAB 4.50mL，用水稀释至刻度、摇匀，得 pF＝3.00 溶液。

依照上述步骤，配制 pF＝4.00、pF＝5.00 和 pF＝6.00 溶液。

（4）将配制的标准溶液系列由低浓度到高浓度逐个转入塑料小烧杯中，并放入氟电极、饱和甘汞电极及搅拌子，开动搅拌器，调节至适当的搅拌速度，搅拌 3min，至指针无明显移动时，读取各溶液的－mV 值，读数时注意使眼睛、指针和镜中的影像三者在一条直线上。例如，分挡开关指向 2，负刻度读数为 0.25，则溶液的电势为－（2＋0.25）×100＝－225mV。

（5）吸取氟离子试液 5.00mL，置于 50mL 容量瓶中，加入 5.00mL TISAB，用水稀释至刻度，摇匀。按标准溶液的测定步骤测定其电势 E_x 值。

五、数据处理

（1）实验数据

pF 值	6.00	5.00	4.00	3.00	2.00
$-E$/mV					

E_x＝________mV。

（2）以电势 E 值为纵坐标，pF 值为横坐标，绘制 E-pF 标准曲线。

（3）在标准曲线上找出与 E_x 值相应的 pF 值，求得原始试液中氟离子的含量，以 g/L 表示。

六、思考题

（1）本实验测定的是 F^- 活度，还是浓度？为什么？

（2）测定 F^- 时，加入的 TISAB 由哪些成分组成？各起什么作用？

（3）测定 F^- 时，为什么要控制酸度，pH 值过高或过低有何影响？

（4）测定标准溶液系列时，为什么按从稀到浓的顺序进行？

第 4 章 设计（开放）实验

实验 4.1 食醋中醋酸含量的测定

一、实验目的

（1）掌握酸碱滴定法的基本原理和基本操作。

（2）熟悉从指定的仪器和样品，通过查阅文献，拟定样品处理方案和分析测定方案。

（3）写出规范的实验报告。

二、提示

本实验用酸碱滴定法测定食醋中的醋酸含量(结果以 g/100mL 表示)，建议先查阅文献(含教材)，拟定实验方案，选择仪器药品必须考虑价廉易得，使用安全，操作简便，不污染环境等诸因素。食醋中醋酸含量一般为 3%～5%(或由实验室给出参考值)，此值为体积分数，也简称食醋的“度”。

三、实验步骤

拟定好实验方案，经老师审核通过后，即可开展实验。

（1）供选择的仪器和试剂

分析天平、酸式/碱式滴定管(50mL)、移液管(25mL)、吸量管(10mL)、容量瓶(100mL、250mL)、烧杯(100mL、500mL)、试剂瓶(500mL)、锥形瓶(250mL)、量筒(100mL)、酒精灯等。

0.1mol/L NaOH 溶液、0.2%甲基红、0.2%甲基橙、0.2%酚酞、邻苯二甲酸氢钾(固体，A. R.)、约 4%白醋试液(密度约 1.02 g/mL)。

（2）要求

① 独立设计实验方案，并将设计方案写在实验报告本上，包括实验目的、测定原理、步骤和实验数据处理的计算公式及表格设计等。

② 实验数据的记录与处理当场完成，所有实验应记录原始数据，测定结果以 HAc (g/100mL)表示。

③ 实验完成后清洗仪器和整理实验台面。

④ 要求 2h 内完成实验操作。

(3) 注意事项

① 此实验可作为考试操作内容，凭学生证按要求参加考试。

② 请自备计算器。

③ 评分范围包括实验方案的设计、实验操作的规范、实验台面的整理、实验结果的准确性与精密度、实验报告等。

实验 4.2　甲醛法测定铵盐的含氮量

一、提示

许多无机铵盐 [$(NH_4)_2SO_4$、$(NH_4)_2HPO_4$、NH_4HCO_3 等] 是常用的肥料，土壤、作物等许多农牧样品中的氮也总是将其先转化成 NH_4^+ 而后再进行测定的。

测定铵盐的方法有蒸馏法和甲醛法。

甲醛法：甲醛与铵盐作用，产生等物质的量的酸：

$$4NH_4^+ + 6HCHO = (CH_2)_6N_4 + 4H^+ + 6H_2O$$

通常以酚酞作指示剂，用 NaOH 标准溶液直接滴定。设计此测定时应注意以下几个问题。

(1) 当试样中含有游离酸时应事先中和除去，可采用什么指示剂，为什么?

(2) 若甲醛中含有少量甲酸时也应事先中和除去，这一步中和选用什么指示剂?

二、实验步骤

拟定好实验方案，经老师审核通过后，即可开展实验。

实验 4.3 漂白粉中“有效氯”的测定

一、提示

漂白粉的主要成分是次氯酸盐 $Ca(ClO)_2$ 和 $CaCl_2$。“有效氯”可理解为漂白粉溶液酸化时放出的 Cl_2。

$$ClO^- + 2H^+ + Cl^- = H_2O + Cl_2 \uparrow$$

漂白粉的漂白能力通常用“有效氯”表示。利用释放出的 Cl_2 可进行氧化还原法测定。取样时应注意试样的代表性。根据此提示拟出测定方案。

二、实验步骤

拟定好实验方案，经老师审核通过后，即可开展实验。

实验 4.4 蛋壳中钙、镁含量的测定

一、提示

(1) 鸡蛋壳中含有大量钙，主要以碳酸钙形式存在，其余还有少量镁、钾和微量铁、铝等元素。其中钙(以 $CaCO_3$ 计) 含量高达 93%～95%。鸡蛋壳中钙、镁含量的测定方法有配位滴定法、酸碱滴定法、高锰酸钾滴定法和原子吸收法等，其中高锰酸钾滴定法步骤烦琐，虽然原子吸收光谱法测定精度高、准确性好、用时短，但操作性强、技术要求高。本实验宜采用配位滴定法。

(2) 处理鸡蛋壳样品的方法有灼烧法、直接酸溶法等。

二、实验步骤

拟定好实验方案，经老师审核通过后，即可开展实验。

实验 4.5 草酸亚铁的制备和组成测定

一、提示

（1）拟定实验步骤、制备 3g 干燥的草酸亚铁固体（使用硫酸亚铁铵、草酸）。

（2）如何尽快得到干燥的固体，在过滤和洗涤操作过程中应注意什么？

（3）草酸亚铁的组成测定。主要测定草酸根和铁的比例，可使用 0.02mol/L $KMnO_4$ 溶液滴定。辅助试剂自定。注意详述实验步骤、实验数据。

二、实验方案要点

（1）制备和测定的原理是否写清楚？

（2）各种数据是否完全？

（3）实验步骤是否全？（制备、干燥、测定总量、测定 Fe 量、标定 $KMnO_4$。）

（4）数据表格。

（5）注意事项。

三、思考题

（1）称取样品 0.18～0.2g，用 0.02mol/L $KMnO_4$ 溶液滴定，大约需要多少毫升？

（2）氧化还原滴定法测定各组分的过程中是要酸化的，用什么酸比较好，为什么？

（3）为什么滴定在 65～85℃时进行？

（4）测定 Fe 有哪些方法？你认为采用哪一种方法更方便？

（5）测定 Fe，如果采用滴定法是需要前处理的，用哪一种还原剂较好？

（6）测定 Fe，如果是邻二氮菲测定，根据上次实验的标准曲线数据，计算称取草酸亚铁的量（配制于 250mL 容量瓶）。

（7）$KMnO_4$ 不是基准物，所以在使用的时候，必须标定。怎样标定？

四、实验方案（举例）

（一）制备

称取 5g 硫酸亚铁铵于 250mL 烧杯中，加入 15mL 去离子水和 5 滴 2mol/L H_2SO_4，加热使其溶解，加入 20mL 饱和 $H_2C_2O_4$，加热至沸。静置，得黄色 $Fe_2C_2O_4 \cdot 2H_2O$ 晶体。抽滤（2 层滤纸），用温水和无水乙醇洗涤。晾干。

（二）测定

（1）准确称取 1.8～2.0g 样品，溶于 20mL H_2SO_4，在水浴中加热（水浴中近沸）溶解，配成 250.00mL 溶液。取 25.00mL 用 H_2SO_4-H_3PO_4 酸化，用 $KMnO_4$ 滴定至浅红色。记录数据。

（2）$KMnO_4$ 的标定　称取草酸钠 1.4～1.5g，溶解定容于 250mL 容量瓶中。取 25.00mL 于锥形瓶中，加入 10mL H_2SO_4，加热至 85℃左右，滴定至浅红色。记录数据。

（3）Fe 含量测定　第一种方法：在测定总量的实验的锥形瓶中加入 2g 锌粉，水浴加热，用 KSCN 溶液检验无 Fe^{3+}，用 $KMnO_4$ 溶液滴定。第二种方法：称取 0.012～0.014g 样品，用少量 2mol/L H_2SO_4 溶解，转移到 250mL 容量瓶中。测定吸光度 A。根据标准曲线查得 Fe 的含量。计算 Fe 和 $C_2O_4^{2-}$ 的比例。

五、实验步骤

拟定好实验方案，经老师审核通过后，即可开展实验。

实验 4.6　土壤或植物样品中氮磷钾含量的测定

一、实验目的

(1) 诊断作物营养水平，指导施肥。

(2) 了解施肥效应和肥料利用率。

(3) 用于农产品及饲料的品质鉴定。

二、实验原理

(一) 全氮的测定(H_2SO_4-H_2O_2 消煮，蒸馏法) 原理

样品在浓 H_2SO_4 溶液中，经过脱水、炭化、氧化等一系列的作用后，易分解的有机物则分解，然后再加入 H_2O_2，H_2O_2 在热的浓 H_2SO_4 溶液中会分解出新生态氧，具有强烈的氧化作用，可继续分解没被 H_2SO_4 破坏的有机物，使有机态氮全部转化为无机铵盐。同时，样品中的有机磷转化为无机磷。再经蒸馏后进行酸碱滴定。

蒸馏过程的反应：

$$(NH_4)_2SO_4 + 2NaOH = Na_2SO_4 + 2NH_3\downarrow + 2H_2O$$

$$NH_3 + H_2O = NH_4OH$$

$$NH_4OH + H_3BO_3 = NH_4H_2BO_3 + H_2O$$

滴定过程的反应：

$$2NH_4H_2BO_3 + H_2SO_4 = (NH_4)_2SO_4 + 2H_3BO_3$$

(二) 全磷的测定(H_2SO_4-H_2O_2 消煮，钒钼黄比色法) 原理

在酸性条件下，正磷酸能与偏钒酸和钼酸发生反应，形成黄色的三元杂多酸——钒钼磷酸。溶液黄色稳定，黄色的深浅与磷的含量成正相关，所以，可用比色法测定溶液中磷的含量。

(三) 植株全钾的测定(H_2SO_4-H_2O_2 消煮，火焰光度法) 原理

使难溶的硅酸盐分解成可溶性化合物，从而使矿物态钾转化为可溶性钾，用酸溶解稀释后即可用火焰光度计测定。

三、实验步骤

拟定好实验方案，经老师审核通过后，即可开展实验。

实验 4.7　水体中化学需氧量(COD)的测定(重铬酸钾法)

一、提示

化学需氧量是指在强酸性条件下重铬酸钾氧化 1L 污水中有机物所需的氧量，可大致表示污水中的有机物量。是水体有机污染的一项重要指标，能够反映出水体的污染程度。在强酸性溶液中，准确加入过量的重铬酸钾标准溶液，加热回流，将水样中还原性物质(主要是有机物) 氧化，过量的重铬酸钾以试亚铁灵作指示剂，用硫酸亚铁铵标准溶液回滴，根据所消耗的重铬酸钾标准溶液量计算水样化学需氧量。

二、仪器和试剂

500mL 全玻璃回流装置、电炉、50mL 酸式滴定管、锥形瓶、移液管、容量瓶等。

重铬酸钾标准溶液：称取预先在 120℃ 烘干 2h 的基准或优质纯重铬酸钾 12.258g 溶于水中，移入 1000mL 容量瓶，稀释至标线，摇匀；

试亚铁灵指示液：称取 1.485g 邻菲啰啉($C_{12}H_8N_2 \cdot H_2O$)、0.695g 硫酸亚铁($FeSO_4 \cdot 7H_2O$) 溶于水中，稀释至 100mL，储于棕色瓶内；0.1mol/L 硫酸亚铁铵标准溶液。

三、实验步骤

请自行查找文献，拟定好实验方案，经老师审核通过后，即可开展实验。

实验 4.8　水体中硫化物的测定(碘量法)

一、实验目的

(1) 掌握用碘量法测定水中硫化物含量的原理和基本操作；

(2) 分析影响实验结果准确度的因素；

(3) 了解硫化物测定的其他方法。

二、实验原理

水中的硫化物包括溶解性的 H_2S、HS^-、S^{2-}，存在于悬浮物中的可溶性硫化物、酸可溶性金属硫化物以及未电离的有机、无机类硫化物。硫化氢易从水中逸散于空气，产生臭味，且毒性很大，它可与人体内的细胞色素、氧化酶及该类物质中的二硫键(—S—S—) 作用，影响细胞氧化过程，造成细胞组织缺氧，危及生命。因此硫化物是水体污染的一项重要指标。在厌氧工艺中，一般采用碘量法测硫化物。测定水中硫化物的方法还有对氨基二甲基苯胺分光光度法、电位滴定法、离子色谱法、极谱法、库仑滴定法、比浊法等。

碘量法是环境监测中常用的一种氧化还原滴定法。在硫化物的测定中，碘量法是使硫化物在酸性条件下与过量的碘作用，再用硫代硫酸钠标准溶液滴定反应剩余的碘，直到按化学计量定量反应完全为止，然后根据硫代硫酸钠的浓度和用量计量硫化物的含量，滴定时以淀粉指示剂反应为终点。

$$S^{2-}+I_2 = S+2I^-$$

$$I_2+2S_2O_3^{2-} = 2I^-+S_4O_6^{2-}$$

根据上述两个反应式，计算水样中硫化物浓度。

三、实验步骤

请自行查找文献，拟定好实验方案，经老师审核通过后，即可开展实验。

实验 4.9　化学反应速率常数、反应级数与活化能的测定

一、实验目的

(1) 了解浓度、温度和催化剂对反应速度的影响。

(2) 测定过二硫酸铵与碘化钾反应的平均反应速率、反应级数和活化能。

二、实验原理

在水溶液中，过二硫酸铵与碘化钾发生如下反应

$$S_2O_8^{2-}+3I^- \xlongequal{} 2SO_4^{2-}+I_3^- \tag{4-1}$$

该反应的平均反应速率与反应物物质的量浓度的关系可用下式表示

$$v=\frac{-\Delta c(S_2O_8^{2-})}{\Delta t}=kc(S_2O_8^{2-})^x\times c(I^-)^y$$

式中，$\Delta c(S_2O_8^{2-})$ 为 $S_2O_8^{2-}$ 在 t 时间内物质的量浓度的改变值；$c(S_2O_8^{2-})$、$c(I^-)$ 分别为两种离子初始物质的量浓度，mol/L；k 为反应速率常数；$x+y$ 即为该反应的反应级数。

为了能够测定 $\Delta c(S_2O_8^{2-})$，在混合$(NH_4)_2S_2O_8$ 和 KI 溶液时，同时加入一定体积的已知浓度的 $Na_2S_2O_3$ 溶液和作为指示剂的淀粉溶液，这样在反应(4-1) 进行的同时，也进行如下的反应

$$2S_2O_3^{2-}+I_3^- \xlongequal{} S_4O_6^{2-}+3I^- \tag{4-2}$$

反应(4-2) 进行得非常快，几乎瞬间完成，而反应(4-1) 却慢得多，所以由反应(4-1) 生成的 I_3^- 立即与 $S_2O_3^{2-}$ 作用生成无色的 $S_4O_6^{2-}$ 和 I^-。因此，在反应开始阶段，看不到碘与淀粉作用而产生的特有的蓝色，但是一旦 $S_2O_3^{2-}$ 耗尽，反应(4-1) 继续生成的微量的 I_3^- 立即使淀粉溶液显蓝色。所以蓝色的出现就标志着反应(4-2) 的完成。

从反应(4-1)、反应(4-2) 的计量关系可以看出，$S_2O_8^{2-}$ 物质的量浓度减少的量等于 $S_2O_3^{2-}$ 物质的量浓度减少量的一半，即8 3 3 8 9 D 3 5

$$\Delta c(S_2O_8^{2-})=\frac{\Delta c(S_2O_3^{2-})}{2}$$

由于 $S_2O_3^{2-}$ 在溶液显示蓝色时已全部耗尽，所以 $\Delta c(S_2O_3^{2-})$ 实际上就是反应开始时 $Na_2S_2O_3$ 的初始物质的量浓度。因此只要记下从反应开始到溶液出现蓝色所需要的时间，就可以求算反应(4-1) 的平均反应速率$\frac{-\Delta c(S_2O_8^{2-})}{\Delta t}$。

在固定 $\Delta c(S_2O_3^{2-})$、改变 $c(S_2O_8^{2-})$ 和 $c(I^-)$ 的条件下进行一系列实验，测得不同条件下的反应速率，就能根据 $v=kc(S_2O_8^{2-})^x\times c(I^-)^y$ 的关系求出反应的反应级数 $x+y$。再代入一组实验数据到 $k=\frac{v}{c(S_2O_8^{2-})^x\times c(I^-)^y}$进一步求出反应常数 k。

根据阿伦尼乌斯公式，反应速率常数 k 与反应温度 T 有如下关系

$$\lg k=\frac{-E_a}{2.303RT}+\lg A$$

式中，E_a 为反应的活化能；R 为气体常数；T 为热力学温度。因此，只要测得不同温度时的 k 值，以 $\lg k$ 对 $1/T$ 作图可得一直线，由直线的斜率可求得反应的活化能 E_a，即

$$斜率=\frac{-E_a}{2.303R}$$

三、仪器和试剂

冰箱、秒表、温度计(273～373K)。

0.20mol/L KI、0.20mol/L $(NH_4)_2S_2O_8$、0.010mol/L $Na_2S_2O_3$、0.20mol/L KNO_3、0.20mol/L $(NH_4)_2SO_4$、0.020mol/L $Cu(NO_3)_2$、0.2%淀粉溶液、冰。

四、实验步骤

请自行设计实验方案与数据记录表格，经老师审核通过后，即可开展实验。

实验 4.10　从茶叶中提取咖啡碱

一、实验目的

(1) 熟悉从植物中提取生物碱的一般原理和方法。

(2) 熟悉索氏(Soxhlet) 提取器的使用。

(3) 学习用升华法或溶剂萃取法提纯有机化合物的操作。

(4) 引发后续有机化学学习的兴趣。

二、实验原理

生物碱(alkaloids) 是存在于生物体(主要为植物体) 中的一类含氮的碱性有机化合物，大多数有复杂的环状结构，有显著的生物活性，是中草药的有效成分之一。如黄连中的小檗碱(黄连素)、麻黄中的麻黄碱、萝芙木中的利血平、喜树中的喜树碱、长春花中的长春新碱等。植物中的生物碱常以盐(能溶解于水或醇) 的状态或以游离碱(能溶于有机溶剂) 的状态存在。各种生物碱的结构不同，性质各异，提取分离方法也不尽相同，常用的有冷浸、渗漉、超声波、微波、索氏提取、热回流提取等。为了使提取更完全，也常常对上述方法进行组合，如冷浸-渗漉、冷浸-超声波、冷浸-索氏提取、冷浸-热回流提取，因冷浸、冷浸-超声波提取操作简便，故使用较多，必要时，应对上述方法作比较，以优选出最佳提取方法。

茶叶中含有多种生物碱。咖啡碱又名咖啡因(caffeine)，化学名称是 1,3,7-三甲基-2,6-二氧嘌呤，是茶叶中主要的生物碱，约含 1%～5%，此外还含有少量茶碱、可可碱、茶多酚、有机酸、蛋白质、色素和纤维素等成分。咖啡因显弱碱性，具有刺激心脏、兴奋大脑神经和利尿的作用，可作为中枢神经兴奋药，它也是复方阿司匹林等药物的组分之一。

含结晶水的咖啡因($C_8H_{10}O_2N_4$) 为无色针状结晶，味苦，具有弱碱性，能溶于冷水和乙醇，易溶于热水、氯仿等。提取茶叶中的咖啡因，可以用乙醇为溶剂，在索氏提取器中连续抽提，然后蒸出溶剂；也可将茶叶与水一起充分煮沸后，再将茶汁浓缩，即得粗咖啡因。粗咖啡因中还含有其他一些生物碱和杂质(如丹宁酸) 等，可利用升华法进一步提纯。

升华是将具有较高蒸气压的固体物质，在加热到熔点以下，不经过熔融状态就直接变成蒸气，蒸气变冷后，又直接变为固体的过程。升华是精制某些固体化合物的方法之一。能用升华方法精制的物质，必须满足以下条件：① 被精制的固体要有较高的蒸气压，在不太高的温度下应具有高于 67kPa(20mmHg) 的蒸气压；② 杂质的蒸气压应与被纯化的固体化合物的蒸气压之间有显著的差异。升华方法制得的产品通常纯度较高，但损失也较大。含结晶水的咖啡因加热至 100℃时失去结晶水，开始升华，120℃时显著升华，至 176℃时迅速升华。无水咖啡因的熔点为 235℃。

三、仪器与试剂

索氏提取装置(图 4-1)、升华装置(4-2)、蒸馏装置、电热套。

茶叶、95%乙醇、生石灰粉、30% H_2O_2、5%稀盐酸、0.5% $KMnO_4$ 溶液、5% Na_2CO_3、10%鞣酸溶液、碘化汞钾溶液。

四、实验步骤

(一) 咖啡碱的提取

(1) 索氏提取　用滤纸做一比索氏提取器提取筒内径稍小的圆柱状纸筒[①]，装入 5g 研细的茶叶并折叠封住开口端，放入提取筒中。安装索氏提取装置[②]，在烧瓶中加入 50mL

95%乙醇，置于电热套上加热回流提取 1～1.5h，待冷凝液刚刚虹吸下去时，立即停止加热，冷却。改成普通蒸馏装置，回收提取液中大部分乙醇。把残液倒入蒸发皿中，在蒸气浴上浓缩至残液约 10mL③，拌入 3g 生石灰(CaO) 粉④使成糊状。继续小火加热至干，期间要不断搅拌捣碎块状物，小心焙炒(防止过热使咖啡因升华)，除尽水分⑤。冷却后擦去沾在蒸发皿边沿的粉末，以免升华时污染产品。

(2) 升华　在上述蒸发皿上盖上一张刺有许多小孔的圆形滤纸，在上面罩上干燥的玻璃漏斗(漏斗颈部塞少许脱脂棉，以减少咖啡因蒸气逸出)，如图 4-2 所示。在电热套上小心加热使咖啡因升华⑥。当漏斗内出现白色烟雾，滤纸上出现白色毛状结晶时，停止加热，冷却，用小匙收集滤纸上及漏斗内壁的咖啡因。残渣经搅拌后用较高温度再加热片刻，使升华完全，合并两次收集的咖啡因。得咖啡因约 50mg。

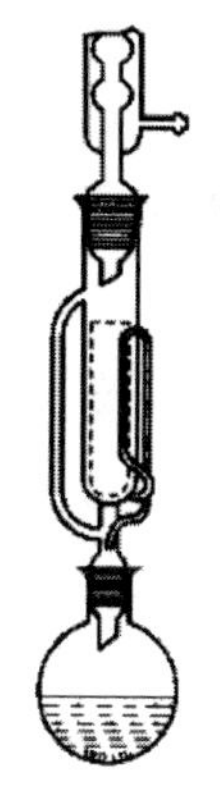

图 4-1　索氏提取装置

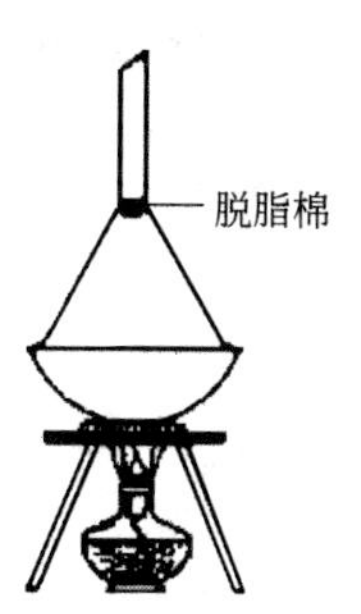

图 4-2　升华装置

(二) 咖啡因的性质实验

(1) 在蒸发皿中放入咖啡因约 0.05g，加 8～10 滴 30%的 H_2O_2，再加 5%的稀盐酸 4～5 滴，置水浴上加热蒸干，残渣显美丽的玫瑰红色。在残渣上滴加 1 滴浓氨水，观察颜色有何变化⑦？

(2) 取一支试管，加 8 滴饱和咖啡因水溶液，滴加 1 滴 0.5% $KMnO_4$ 溶液和 3 滴 5% Na_2CO_3 溶液。摇动试管，放入沸水浴中加热，观察溶液的变化⑧。

(3) 取一支试管，加 5 滴咖啡因的饱和水溶液和 3 滴 10%鞣酸溶液，观察发生的现象。

(4) 取一支试管，加 1mL 5%盐酸溶液和少许咖啡因，用力振摇，使其溶解为澄清溶液(如实在不溶，可取澄清液做实验)，滴加 12 滴碘化汞钾溶液⑨。摇动试管注意观察溶液的变化。

用自己提取的咖啡因，重复上述实验并进行比较。

注释：

① 滤纸套大小既要紧贴器壁又要能方便取放，其高度不得超过虹吸管顶端，滤纸包茶叶时，要严防漏出，以免堵塞虹吸管，纸套上面盖一层滤纸，以保证回流液均匀浸透被萃取物。

② 索氏提取器是利用溶剂回流和虹吸原理，使固体物质连续不断地为纯溶剂所萃取的仪器。溶剂沸腾时，其蒸气通过侧管上升，被冷凝管冷凝成液体，滴入套筒中，浸润固体物质，使之溶于溶剂中。当套筒内溶剂液面超过虹吸管的最高处时，即发生虹吸，提取液流入烧瓶中。通过反复的回流和虹吸，从而将提取物富集在烧瓶中。索氏提取器的虹吸管极易折断，所以在安装仪器和实验过程中须特别小心。

③ 浓缩提取液时不可蒸得太干，以防转移损失。也不可蒸得不充分，使残液很黏而难以转移。

④ 拌入生石灰要均匀，生石灰的作用除吸水外，还可中和除去部分酸性杂质(如鞣酸)。

⑤ 如留有少量水分，将会在下一步升华开始时带来一些烟雾，污染器皿。

⑥ 在萃取回流充分的情况下，升华操作是实验成败的关键，在升华的过程中始终都须严格控制加热温度，温度太高会使产物发黄（分解）甚至炭化，还会把一些有色物带出来，使产品不纯。进行再升华时，加热温度也应严格控制，否则使被烘物大量冒烟，导致产物不纯和损失。

⑦ 咖啡因可被过氧化氢等氧化剂氧化，氧化后用水浴将其蒸干，然后与氨作用即生成紫色的紫脲酸铵。该反应是嘌呤类生物碱的特征反应。

⑧ 咖啡因被氧化分解。

⑨ 碘化汞钾试剂与生物碱（如咖啡因等）反应，生成分子复合物。

五、思考题

（1）为什么可用升华法提纯咖啡因？哪些化合物能用升华的方法进行提纯？

（2）采用索氏提取器提取茶叶中的咖啡因，有什么优点？

（3）为了得到较纯、较多的咖啡因，应注意哪些操作过程？

（4）加入生石灰有何目的？

（5）试设计以氯仿为溶剂，从茶叶中提取咖啡因的实验方案。

附　　录

附录一　化学试剂的规格

化学试剂规格的划分，各国有所差异。我国化学试剂等级划分可参阅下表：

我国试剂等级划分与英文缩写	优级纯（G. R.）	分析纯（A. R.）	化学纯（C. P.）	实验试剂（L. R.）
全国化学试剂统一质量标准	一级试剂	二级试剂	三级试剂	四级试剂
瓶签颜色	绿色	红色	蓝色	棕黄色

对于不同的化学药品，各种规格要求的标准不同。但总的说来，优级纯(一级试剂）杂质含量最低，纯度最高，适合于精确分析及研究用。分析纯(二级试剂）及化学纯(三级试剂）适合于一般分析及研究工作。在一般化学实验中可采用价格低廉的实验试剂(四级试剂)。

附录二　常用酸、碱溶液在 298K 时的密度

单位：g/mL

ω/%	H_2SO_4	HNO_3	HCl	KOH	NaOH	NH_3
2	1.013	1.011	1.009	1.016	1.023	0.992
4	1.027	1.022	1.019	1.033	1.046	0.983
6	1.040	1.033	1.029	1.052	1.069	0.973
8	1.055	1.044	1.039	1.072	1.092	0.960
10	1.069	1.056	1.049	1.090	1.115	0.957
12	1.083	1.068	1.059	1.110	1.137	0.953
14	1.098	1.080	1.069	1.128	1.159	0.946
16	1.112	1.093	1.079	1.147	1.181	0.939
18	1.127	1.106	1.089	1.167	1.213	0.932
20	1.145	1.119	1.100	1.186	1.225	0.926
22	1.158	1.132	1.110	1.206	1.247	0.919
24	1.174	1.145	1.121	1.226	1.266	0.913
26	1.191	1.158	1.132	1.247	1.289	0.908
28	1.205	1.171	1.142	1.267	1.310	0.903
30	1.224	1.184	1.152	1.286	1.332	0.898
32	1.238	1.198	1.163	1.310	1.352	0.893
34	1.255	1.211	1.173	1.334	1.374	0.889
36	1.273	1.225	1.183	1.358	1.395	0.884
38	1.290	1.238	1.194	1.375	1.416	—
40	1.307	1.251	—	1.411	1.437	—
42	1.324	1.264	—	1.437	1.458	—
44	1.342	1.277	—	1.460	1.478	—
46	1.361	1.290	—	1.485	1.499	—
48	1.380	1.303	—	1.511	1.519	—

附录三　常用酸、碱溶液在 298K 时的浓度①

溶液名称	密度/(g/mL)	ω / %	c/(mol/L)
浓硫酸	1.83	96	18
稀硫酸	1.18	25	3
浓盐酸	1.19	37.2	12
稀盐酸	1.10	20	6
浓硝酸	1.40	65.3	14.5
稀硝酸	1.20	32	6
稀硝酸	1.07	12	2
浓磷酸	1.70	86	15
稀磷酸	1.06	9	1
高氯酸	1.67	70	12
稀高氯酸	1.12	19	2
浓氢氟酸	1.13	40	23
氢溴酸	1.38	40	7
氢碘酸	1.70	57	7.5
冰醋酸	1.05	100	17.5
稀醋酸	1.04	36	6
稀醋酸	1.02	15	2.5
浓氢氧化钠	1.36	33	11
稀氢氧化钠	1.08	8	2
浓氨水	0.88	34	18
浓氨水	0.91	24	13
稀氨水	0.96	9	5
稀氨水	0.98	4	2.5

① 浓度均为近似值。

附录四　pHs-3c型酸度计的使用方法

一、pHs-3c型酸度计构造

pHs-3c型酸度计由主机、E-201-C型pH复合电极、多功能电极支架三个部件组成，具体结构见附图-1。

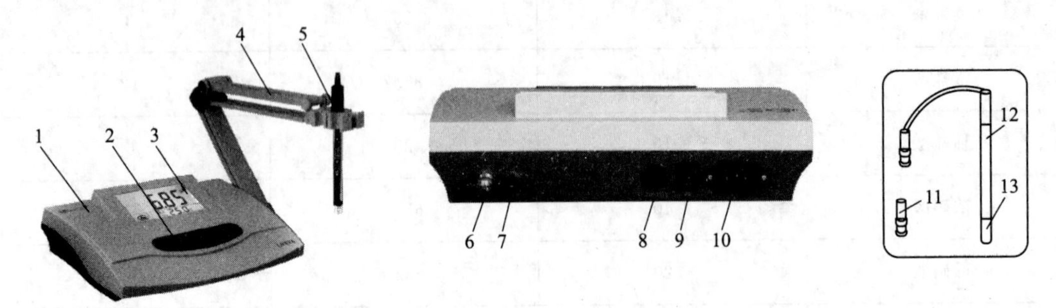

附图-1　pHs-3c型酸度计的面板结构

1—机箱；2—键盘；3—显示屏；4—多功能电极架；
5，12—E-201-C型pH复合电极；6—测量电极插座；7—参比电极接口；
8—保险丝；9—电源开关；10—电源插座；11—Q9短路插；12—pH复合电极；13—电极保护套

酸度计键盘(附图-2）有5个操作按键，分别为：

(1）pH-mV键，此键为双功能键，在测量状态下，按一次进入pH测量状态，再按一次进入mV测量状态；在设置温度、定位以及设置斜率时为取消键，按此键退出功能模块，返回测量状态。

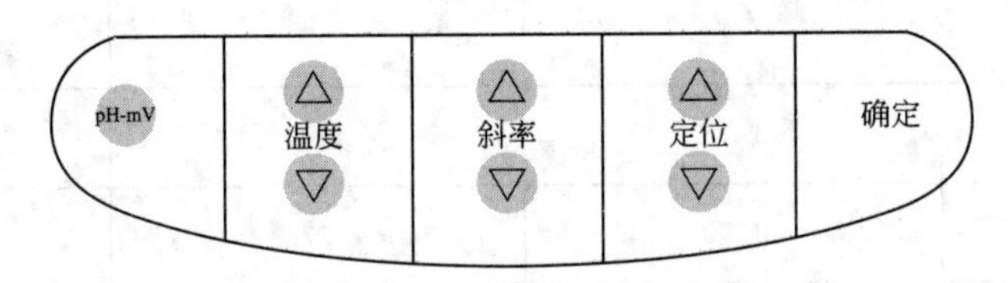

附图-2　pHs-3c型酸度计操作面板

(2）定位键，此键为定位选择键，按此键上部△为调节定位数值上升；按此键下部▽为调节定位数值下降。

(3）斜率键，此键为斜率选择键，按此键上部△为调节斜率数值上升；按此键下部▽为调节斜率数值下降。

(4）温度键，此键为温度选择键，按此键上部△为调节温度数值上升；按此键下部▽调节温度数值下降。

(5）确定键，此键为确定操作键，按此键为确认上一步操作。

二、使用方法

1. 电极的准备与安装

将E-201-C型pH复合电极12(见附图-1）安装在多功能电极架4上。在pH计的背面找到测量电极插座6，拔去Q9短路插11，然后将E-201-C型pH复合电极插口插入测量电极插座6上。将pH复合电极下端的电极保护套13拔下，并且拉下电极上端的橡皮套使其露出上端小孔。用蒸馏水清洗电极。

2. 仪器的开机与温度设定

开机前，须检查电源是否接妥，应保证仪器良好接地。电极的连接须可靠，防止腐蚀性气体侵袭。仪器插入电源后，按下电源开关 9 开机。仪器首先显示 pHs-3c 字样，稍等片刻，会显示上次标定后的斜率以及 E_0 值。然后进入测量状态，显示屏上方为当前的电势值或者 pH 值，下方为设定的温度值。按温度键设置当前的温度值；按定位键或斜率键标定电极斜率。

温度设置：如果需要设置温度，用温度计测出被测溶液的温度，按温度△键或温度▽键调节显示值，使温度显示为被测溶液的温度，按确定键，即完成当前温度的设置，按 pH-mV键放弃设置，返回测量状态。

3. 仪器的标定

测定 pH 值前首先要标定。一般情况下仪器在连续使用时，每天只要标定一次。

本仪器具有自动识别标准缓冲溶液的能力，可以识别 pH4.00、pH6.86、pH9.18 三种标准缓冲溶液(注意：标准缓冲溶液的 pH 值随温度变化而略有波动，见附表-1)，因此对于标准缓冲溶液 pH4.00、pH6.86、pH9.18，用户按定位键或者斜率键后不必再调节数据，直接按确定键即可完成标定。

对于其他的非常规标准缓冲溶液，仪器也允许用户标定使用。如果用户需要标定，则只须在标定状态下调节显示的 pH 数据至该温度下标准溶液的 pH 值，然后按确定键即可。

(1) 一点标定　一点标定即一点定位法，使用一种标准缓冲溶液定位 E_0，斜率设为默认的 100.0%，这种方法比较简单，用于要求不太精确的情况下的测量。步骤如下：

① 在仪器的测量状态下，把用蒸馏水清洗过的电极插入某种标准缓冲溶液中(如 pH=6.86 的标准缓冲溶液中)。

② 用温度计测出被测溶液的温度值，按前面设置温度的方法设置温度值。

③ 稍后，待读数稳定，按定位键，仪器会提示用户是否进行标定，显示“Std YES” 字样，如果用户需要标定，则按确定键。

④ 仪器自动进入一点标定状态，否则按任意键退出标定，仪器返回测量状态。

进入标定状态后，仪器会自动识别当前标准缓冲溶液并显示当前温度下的标准 pH 值(此时显示的数据可能与测量状态下的 pH 值不同)，按确定键，仪器存储当前的标定结果，并显示斜率和 E_0 值，返回测量状态；如果想放弃标定，可按 pH-mV 键，仪器退出标定状态，返回当前测量状态。

⑤ 如果使用的是其他非常规标准缓冲溶液，例如 pH6.80，按定位键，仪器会提示用户是否进行标定，显示“Std YES” 字样，然后需要按定位△键或定位▽键调节显示值，使 pH 值显示为该温度下标准溶液的 pH 值，如 pH6.80，然后按确定键，完成标定。

(2) 二点标定　通常情况下我们使用二点标定法标定电极斜率。

① 准备两种标准缓冲溶液，如 pH4.00、pH9.18 等。

② 按照前面的叙述进行一点标定：即在仪器的测量状态下，把用蒸馏水清洗过的电极插入标准缓冲溶液 1 中(如 pH=4.00 的标准缓冲溶液中)；用温度计测出溶液的温度值(如 25.0℃)，按照前面设置温度的方法设置温度值；稍后，待读数稳定，按定位键，再按确定键进入一点标定状态，仪器识别当前标准缓冲溶液并显示当前温度下的标准 pH 值 4.00；然后按确定键完成标定，仪器返回测量状态。

③ 同理，再次清洗电极并插入标准缓冲溶液 2 中(pH=9.18 的标准缓冲溶液中)；用温度计测出溶液的温度值(如 25.2℃)，并设置温度值；稍后，待读数稳定后，按斜率键，再

确认，仪器自动识别当前标准缓冲溶液并显示当前温度下的标准 pH 值(如 pH9.18)。

④ 然后按确定键完成标定！仪器存储当前的标定结果，并显示斜率和 E_0 值，然后返回测量状态。

⑤ 手动标定：如果用户使用的是其他标准缓冲溶液，例如 pH6.80 和 pH3.95，用 pH6.80 定位，pH3.95 标定电极斜率。则首先需要按定位键，仪器会提示用户是否进行标定，显示“Std YES” 字样，然后需要按定位△键或定位▽键调节显示值，使 pH 值显示为该温度下标准溶液的 pH 值，如 pH6.80，然后按确定键，完成标定。同理，再次清洗电极并插入标准缓冲溶液 2 中(pH＝3.95 的标准缓冲溶液中)；用温度计测出溶液的温度值(如 28.0℃)，并设置温度值；稍后，待读数稳定后，按斜率键，再确认，仪器自动识别当前标准缓冲溶液并显示当前温度下的标准 pH 值(如 pH3.95)，然后按确定键完成标定。仪器存储当前的标定结果，并显示斜率和 E_0 值，然后返回测量状态。

4. pH 值的测量

经标定过的仪器，即可用来测量被测溶液，被测溶液与标定溶液温度是否相同，所引起的测量步骤也有所不同。具体操作如下．

(1) 被测溶液与标定溶液温度相同时，测量步骤如下：

① 用蒸馏水清洗电极头部，再用被测溶液清洗一次；

② 把电极浸入被测溶液中，用玻璃棒搅拌溶液，使溶液均匀，在显示屏上读出溶液的 pH 值。

(2) 被测溶液和标定溶液温度不同时，测量步骤如下：

① 用蒸馏水清洗电极头部，再用被测溶液清洗一次；

② 用温度计测出被测溶液的温度值；

③ 按温度键，使仪器显示为被测溶液温度值，然后按确定键；

④ 把电极插入被测溶液内，用玻璃棒搅拌溶液，使溶液均匀后读出该溶液的 pH 值。

5. 仪器的关机与维护

用户使用完毕，按仪器的开关键关闭仪器。测试完样品后，所用电极应浸放在蒸馏水中。如果仪器长期不用，应断开电源；仪器的插座必须保持清洁、干燥，切忌与酸、碱、盐溶液接触；仪器不使用时，短路插头也要接上，以免仪器输入开路而损坏仪器。长期不使用时，将电极放回盒体内室温保存。

电极的维护保养：

① 取下电极保护套后，应避免电极的敏感玻璃泡与硬物接触，因为任何破损或擦毛都会使电极失效。

② 测量结束，及时将电极保护套套上，电极套内应放少量外参比补充液，以保持电极球泡的湿润，切忌浸泡在蒸馏水中。

③ 复合电极的外参比补充液为 3mol/L 氯化钾溶液，补充液可以从电极上端小孔加入，复合电极不使用时，拉上橡皮套，防止补充液干涸。

④ 电极的引出端必须保持清洁干燥，绝对防止输出两端短路，否则将导致测量失准或失效。

⑤ 电极应与输入阻抗较高的 pH 计(≥1012Ω) 配套，以使其保持良好的特性。

⑥ 电极应避免长期浸在蒸馏水、蛋白质溶液和酸性氟化物溶液中。

⑦ 电极避免与有机硅油接触。

⑧ 电极经长期使用后，如发现斜率略有降低，则可把电极下端浸泡在 4％HF 中 3～5s，

用蒸馏水洗净，然后在 0.1mol/L 盐酸溶液中浸泡，使之复新。

附表-1　标准缓冲溶液的 pH 值与温度对照

温度/℃	pH4.00	pH6.86	pH9.18
0	4.01	6.98	9.46
5	4.00	6.95	9.39
10	4.00	6.92	9.33
15	4.00	6.90	9.28
20	4.00	6.88	9.23
25	4.00	6.86	9.18
30	4.01	6.85	9.14
35	4.02	6.84	9.10
40	4.03	6.84	9.07
45	4.04	6.83	9.04
50	4.06	6.83	9.02
55	4.07	6.83	8.99
60	4.09	6.84	8.97
70	4.12	6.85	8.93
80	4.16	6.86	8.89
90	4.20	6.88	8.86
95	4.22	6.89	8.84

附录五　722型分光光度计使用方法

用来测量和记录待测物质对可见光的吸光度并进行定量分析的仪器，称为可见分光光度计。

一、原理

当一束单色光照射待测物质的溶液时，当某一定频率 v(或波长) 的可见光所具有的能量(hv) 恰好与待测物质分子中的价电子的能级差相适应(即 $\Delta E = E_2 - E_1 = h\nu$) 时，待测物将对该频率(波长) 的可见光产生选择性的吸收。用可见分光光度计可以测量和记录其吸收程度(吸光度)。由于在一定条件下，吸光度 A 与待测物质的浓度 c 及吸收池长度 l 的乘积成正比，即

$$A = \varepsilon c L$$

所以，在测得吸光度 A 后，可采用标准曲线法、比较法以及标准加入法等方法进行定量分析。

二、结构

722 型光栅分光光度计，采用自准式色散系统和单光束结构，色散元件为衍射光栅，使用波长为 330～800nm 数字显示读数，还可以直接测定溶液的浓度。其外形见附图-3。

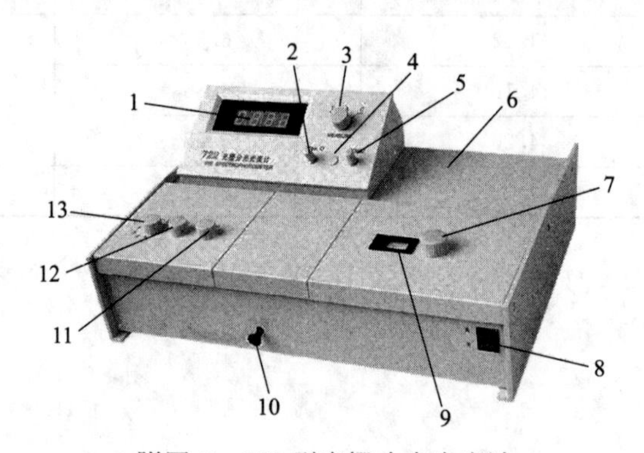

附图-3　722 型光栅分光光度计

1—数字显示器；2—吸光度调零旋钮；3—选择开关；
4—吸光度调斜率电势差计；5—浓度旋钮；6—光源室；7—波长调节旋钮；8—电源开关；
9—波长刻度窗；10—试样架拉杆；11—100％T 调节旋钮；12—0％T 调节旋钮；13—灵敏度调节旋钮

三、使用方法

722 型分光光度计的使用方法如下所述。

1. 操作步骤

① 在接通电源前，应对仪器的安全性进行检查，电源线接线应牢固，接地线通地要良好，各个调节旋钮的起始位置应该正确，然后再接通电源。

② 将灵敏度旋钮调至 1 挡(放大倍率最小)。调波长调节旋钮至所需波长。

③ 开启电源开关，指示灯亮，选择开关置于 T，调节透光度“100％”旋钮，使数字显示“100.0”左右，预热 20min。

④ 打开吸收池暗室盖(光门自动关闭)，调节“0”旋钮，使数字显示为“00.0”，盖上吸收池盖，将参比溶液置于光路，使光电管受光，调节透光度“100％”旋钮，使数字显示为“100.0”。

⑤ 如果显示不到“100”，则可适当增加电流放大器灵敏度挡数，但应尽可能使用低挡数，这样仪器将有更高的稳定性。当改变灵敏度后必须按步骤④重新校正“0”和“100”。

⑥ 按步骤④连续几次调整“00.0”和“100”后，将选择开关置于 A，调节吸光度调零旋钮，使数字显示为“.000”。然后将待测溶液推入光路，显示值即为待测样品的吸光度 A。

⑦ 浓度 c 的测量。选择开关由 A 旋至 c，将标准溶液推入光路，调节浓度旋钮。使得数字显示值为已知标准溶液浓度数值。将待测样品溶液推入光路，即可读出待测样品的浓度值。

⑧ 如果大幅度改变测试波长时，在调整“00.0”和“100”后稍等片刻(因光能量变化急剧，光电管受光后响应缓慢，需一段光响应平衡时间)，当稳定后，重新调整“00.0”和“100”即可工作。

2. 注意事项

① 使用前，使用者应该首先了解本仪器的结构和原理，以及各个旋钮的功能。

② 仪器接地要良好，否则显示数字不稳定。

③ 仪器左侧有一支干燥筒，应保持其干燥，发现干燥剂变色应立即更新或烘干后再用。

④ 当仪器停止工作时，切断电源，电源开关同时切断，并罩好仪器。

附录六 723型(V-5000型)分光光度计使用方法

与722型分光光度计相比，723型分光光度计不但采用了按键结合显示屏来调节波长，还增加了波长扫描功能。波长范围增宽到320～1100nm，自动化程度有所提高，有的还可以连接电脑，实现电脑自动控制。V-5000型可见分光光度计与723型分光光度计大同小异，其使用亦可参照本方法。

一、结构

723型可见分光光度计前面板结构如附图-4所示。

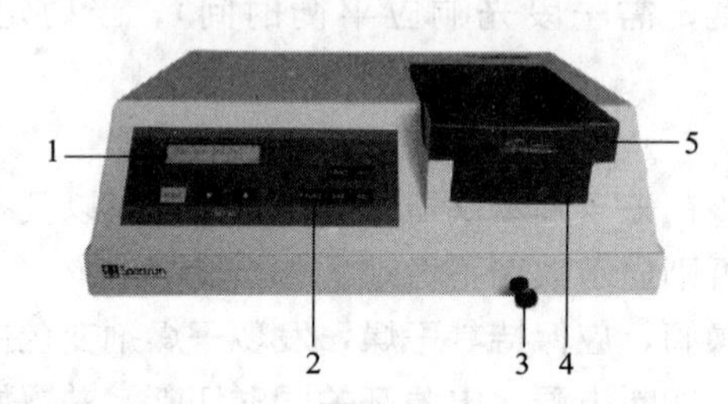

附图-4 723型可见分光光度计

1—显示屏；2—控制面板；3—比色皿架拉杆；4—插板（由此引入特殊附件）；5—样品室（盖）

控制面板按键使用说明：

MODE键：可对T(透光率)、A(吸光度)、c(浓度）三种测量方法进行选择。

100%T键：调整仪器型号强度至满度，或校正空白，轻按此键后显示100.0%T或0.000A。

0%T键：调整暗电流，调整后显示000.0%。

△键：增大波长、增大数值或是小数点位置右移。

▽键：减小波长、减小数值或是小数点位置左移。

ENT键：确认执行某项操作，或确认某一设定值。

P/C键：打印数据或图形，或取消上一步操作，或退出当前显示屏。

FUNC键：逐步按动此键，依次输入标准样品浓度、浓度因子等(由仪器自动计算浓度时使用)。

二、使用方法

1. 操作步骤

① 接通电源，开机、自检并显示进程，1～2min内完成自检，预热20min后即可进行样品测试。

② 通过△键和▽键，设定测试波长；按100%T键，使透光率显示为100.0%。

③ 测定

透光率测定：仪器默认显示状态为T(其他状态可按MODE键来选择)，将参比溶液放入样品室，让光路通过比色皿的透光面，按100%T键，使透光率显示为100.0%。然后拉动比色皿架拉杆，使待测样品溶液置于光路，显示值即为样品的实际透光率。

吸光度测试：按MODE键选择A(吸光度）方式，此时显示0.000A，将将参比溶液放入样品室，让光路通过比色皿的光滑面，按100%T键，扣除空白吸光度，显示为0.000A，然后拉动比色皿架拉杆，使待测样品溶液置于光路，显示值即为样品的实际吸光度。

④ 测试结束，及时将样品室的溶液取出，关闭电源。

2. 注意事项

① 改变波长后，必须重新调 100%T。

② 测试前应先检查仪器，透光率模式下，用黑色比色皿挡住光路时检查透光率是否显示为 000.0%。否则要调整暗电流，按 0%T 键，使透光率显示为 000.0%；返回对光位置(拿掉黑色比色皿)，仍能显示 100.0%，否则重新调整 100.0%。

③ 仪器在调 100%T 或 0%T 的过程中，显示屏显示“BLANK…”或“ZERO…”时，请勿打开样品室盖，否则重新调整。

④ 比色皿的透光面不能有指印、纸絮、溶液残留痕迹等，比色皿应垂直放入样品架。

附录七　原子量表①

元素		原子量	元素		原子量	元素		原子量
符号	名称		符号	名称		符号	名称	
Ag	银	107.87	He	氦	4.0026	Pt	铂	195.08
Al	铝	26.982	Hf	铪	178.49	Rb	铷	85.468
Ar	氩	39.948	Hg	汞	200.59	Re	铼	186.207
As	砷	74.922	I	碘	126.90	Rh	铑	102.91
Au	金	196.9665	In	铟	114.82	Ru	钌	101.07
B	硼	10.811	Ir	铱	192.22	S	硫	32.066
Ba	钡	137.33	K	钾	39.098	Sb	锑	121.76
Be	铍	9.0122	Kr	氪	83.80	Sc	钪	44.956
Bi	铋	208.98	La	镧	138.91	Se	硒	78.96
Br	溴	79.904	Li	锂	6.941	Si	硅	28.086
C	碳	12.011	Mg	镁	24.305	Sn	锡	118.71
Ca	钙	40.078	Mn	锰	54.938	Sr	锶	87.62
Cd	镉	112.41	Mo	钼	95.94	Ta	钽	180.95
Ce	铈	140.12	N	氮	14.007	Te	碲	127.60
Cl	氯	35.453	Na	钠	22.990	Th	钍	232.04
Co	钴	58.933	Nb	铌	92.906	Ti	钛	47.867
Cr	铬	51.996	Nd	钕	144.24	Tl	铊	204.38
Cs	铯	132.91	Ne	氖	20.180	U	铀	238.03
Cu	铜	63.546	Ni	镍	58.693	V	钒	50.942
F	氟	18.998	O	氧	15.999	W	钨	183.84
Fe	铁	55.845	Os	锇	190.23	Xe	氙	131.29
Ga	镓	69.723	P	磷	30.974	Y	钇	88.906
Ge	锗	72.61	Pb	铅	207.2	Zn	锌	65.39
H	氢	1.0079	Pd	钯	106.42	Zr	锆	91.224

① 源自 IUPAC 1995 年提供的 5 位有效数字原子量数据。

参考文献

[1] 南京大学《无机及分析化学实验》编写组．无机及分析化学实验［M］．第5版．北京：高等教育出版社，2015.

[2] 李艳辉．无机及分析化学实验［M］．第2版．南京：南京大学出版社，2012.

[3] 俞群娣，林琳．大学实验化学［M］．杭州：浙江大学出版社，2011.

[4] 陈学泽．无机及分析化学实验［M］．第2版．北京：中国林业出版社，2008.

[5] 胡筋．基础实验化学［M］．北京：北京航空航天大学出版社，2006.

[6] 任丽萍，毛富春．无机及分析化学实验［M］．北京：高等教育出版社，2006.

[7] 刘约权．实验化学［M］．第二版．北京：高等教育出版社，2005.

[8] 林宝凤等．基础化学实验技术绿色化教程［M］．北京：科学出版社，2003.

[9] 刘琢．无机化学实验［M］．西安：陕西科学技术出版社，1994.

[10] 彭广兰．简明无机化学实验［M］．北京：高等教育出版社，1991.

[11] 刘琢. 化学实验［M］．北京：中国林业出版社，1989.

[12] 钱可萍等．无机及分析化学实验［M］．北京：高等教育出版社，1987.

[13] 王致勇等．实验无机化学［M］．北京：清华大学出版社，1987.

[14]《中级无机化学实验》编写组．中级无机化学实验［M］．北京：北京师范大学出版社，1984.

[15] 刘洪范．化学实验基础［M］．济南：山东科学技术出版社，1983.

[16] 天津大学普通化学教研室．无机化学演示实验［M］．北京：人民教育出版社，1979.

[17] 上海化工学院无机化学教研组．无机化学实验［M］．北京：人民教育出版社，1979.

[18] 陈荣三，黄孟健，钱可萍．无机及分析化学实验［M］．北京：人民教育出版社，1978.

[19] 中山大学等校．无机化学实验［M］．第三版．北京：高等教育出版社，2010.

[20] 武汉大学．分析化学实验［M］．第5版．北京：高等教育出版社，2001.